情報セキュリティ入門

情報倫理を学ぶ人のために

第2版

佐々木良一[監修]

会田和弘[著]

共立出版

第2版まえがき

　本書初版が発行された 2009 年頃にくらべ，情報科学技術は大きく進み，クラウドサービスや IoT は当たり前となり，さらに AI の普及に私たちの生活は格段に便利になった。また，個人情報は匿名化されビッグデータとして新たな産業の創出に積極的に利用されたことをはじめ，様々な情報はデジタル化され活用するように社会は変わってきた。また，仮想通貨の登場は，私たちがもつ貨幣の概念のみならず，市場のあり方をも大きく変えた。人とのコミュニケーションのあり方もそうである。SNS の普及により，知り合う範囲も付き合い方も今までなかったものとなった。

　これらの変革に伴い，情報を狙うサイバー攻撃は一層激しさをまし，その手法も複雑となっている。詐欺もより狡猾になった。また，SNS 上での人権侵害も絶えない。このような事態に，新たな防御技術が開発され，法律が整備されてきた。それでも，私たちが被害に遭わず，また攻撃者や犯罪者にならないためには，以前とくらべ多くの知識と知恵が必要となってきている。本書も刷りを重ねる度に内容を修正してきたが，上のような背景から第2版では内容を大きく再構成することとした。

　本書は，主に大学の教養課程の学生を念頭におき，情報社会への脅威としてどのようなものがあるのか，それに対してどのような技術的な対策がとられて，法律はどう整備されているのかをまとめた。こうしている間も，新たな手段のサイバー攻撃が起こっているかもしれない。攻撃手段は常にアップデートされていく。それらを本書で追い続けることは難しい。しかし，今までの攻撃を基本的な視点でまとめ直し，それらへ有効な対策を整理することは可能であり，それはサイバー攻撃を理解するためには有効であると考えられる。本書は，まずそれを目指した。

　ところで，技術的な対策や法律をどれだけ学んでも，それらだけでは解決できない場面に直面するだろう。その際は，一人ひとりが社会全体のあり方を鑑み倫理的に判断し振る舞わなければならない。技術的な対策や法律，そして倫理的な行動によって，安全安心な情報社会が成り立つと考えるからである。とはいえ，倫理は個人の行動の指針となるべきものであり，それぞれの心の問題である。本書では，倫理的態度としてこうあるべきと主張するつもりはない。ただ，技術的対策，法的対策の不足を補い，それら対策を批判的に検討する機能の必要性については明らかにしたいと思う。

　これらを通じて，読者が，サイバー攻撃や情報社会の現状を正しく理解し，その上で自ら倫理的判断で行動し情報社会をより良いものへとする一助に本書がなれば幸いである。

2021 年 11 月

佐々木 良一

まえがき

　インターネットが社会のインフラになってから久しい。総務省が 2009 年 1 月に実施した通信利用動向調査では，6 才以上の日本総人口の約 75% が PC や携帯電話またはゲーム機などでインターネットを利用しているという。確かに，日頃の連絡から企業活動やボランティア活動，娯楽などにおいて，インターネットは私たちにとっては欠かせないツールとなっている。検索は，百科事典代わりになり，オンラインショッピングも今や常識となってきた。また，ブログ等による情報発信も一般的になっている。オンラインゲームのように，見知らぬ者同士が回線を介してゲームに興じることも多い。インターネットによって私たちの生活の利便性がかなり向上するとともに，今までにはなかった方法でのコミュニケーションも盛んになってきた。

　しかし，その一方で，ウィルスによる情報漏洩，大量に送られてくる迷惑メール，金銭を狙う詐欺，ネットいじめ，チャイルドポルノや自殺方法サイトなどの有害情報などの社会問題も目立ってきている。これらは，インターネットが一部の特別な人たちが使うツールではなく，電話などと同じ一般的なものとなったことによる。犯罪者も金銭目的でインターネットを"利用"している。それら影の部分への対策は従来十分には実施されてこなかった。

　私たちがそのような被害に遭わないようにするには，次の 3 つの課題の解決が必要になると考えられる。

⑴　情報セキュリティ技術の確立

⑵　法律などの整備

⑶　社会としての倫理観の醸成

　本書は，大学などで情報倫理を学ぶ学生などを主な対象とし，上記の 3 つの課題を実現するための基礎知識を確立することを目指すものである。狭い意味での情報セキュリティ技術だけでなく，このような基礎知識をわかりやすく習得しておきたいという人は学生だけでなく社会人にも多いと考えられる。

　著者の会田和弘氏は，大学で情報倫理の講義を続けると共に，NPO 活動において地域の人々にインターネットの使い方や，情報セキュリティなどの教育をわかりやすく行っており，このような本を執筆するのに最適な人物であると考えている。このような著者によって作られたこの本が，情報社会を力強く生きる人々を増加させるのに役立てば幸いである。

2009 年 8 月

佐々木　良一

第 5 章　情報倫理 169

CONTENTS

第1章

デジタル社会と情報倫理

▸▸▸ 1.1
デジタル社会の光と影

1.1.1 デジタル社会の光

　今やインターネットなしの生活はできない。特に，メールやSNS（ソーシャルネットワーキングサービス）の普及は，いつでもどこでもお互いにつながりあうことを可能にし，人間関係のあり方を劇的に変えた。さらに，人工知能やインターネット・オブ・シングス（IoT），そして，様々なクラウドサービスの普及は，大量の情報を即座に処理することを可能とし，私たちの生活はさらに便利になった。

　政府は，この流れをさらに進め，経済活動の促進，ゆとりと豊かさを実感できる国民生活の実現，国民が安全で安心して暮らせる社会の実現，利用の機会などの格差の是正などを目指しデジタル庁を新設し，デジタル社会形成基本法[1]を 2021 年 9 月 1 日に施行した。ここで，「デジタル社会」とは，インターネットその他の高度情報通信ネットワークを通じて自由かつ安全に多様な情報または知識を世界的規模で入手し，共有し，または発信するとともに，人工知能，IoT，クラウドサービスなど大量の情報処理を可能とする先端的な技術を用いてデータを適正かつ効果的に活用することで，あらゆる分野における創造的かつ活力ある発展が可能となる社会をいう（第2条）。単なる反アナログではなく，インターネット＋高度のデータ処理能力をもつ社会である。どの程度デジタル社会が実現しているかの尺度は提示できないが，**図** 1.1 の FitBark や内閣府地方創生

1）デジタル社会形成基本法
　令和三年法律第三十五号。それまでの高度情報通信ネットワーク社会形成基本法（IT基本法）の廃止は廃止された。
https://elaws.e-gov.go.jp/document?lawid=503AC0000000035_20210901_000000000000000

図 1.1　FitBark
　愛犬の体調管理を，首輪に内蔵された専用のデバイスで消費カロリーや睡眠具合を収集する。
　健康管理の情報は，飼い主の端末に送信されるとともに，ビッグデータとして AI などで解析され，多種多様な犬の健康に関する研究に役立てられている。
https://www.fitbark.com/

2）地域経済分析システム（RESAS）
　地域おける人流，飲食，消費にかかわる官民ビッグデータを集約し可視化する。
V-RESAS
https://v-resas.go.jp
RESAS
地域経済分析システム
https://resas.go.jp/

3）障がい者
　障がい者とは，障害者基本法第2条において「身体障害，知的障害，精神障害（発達障害を含む）その他の心身の機能の障害（以下「障害」と総称する）がある者であって，障害（Disability）及び社会的障壁（Social barriers）により継続的に日常生活または社会生活に相当な制限を受ける状態にあるもの」と定義されている。
　これによれば，心身において正常な動きに制限があり，社会に事物，制度，慣行，観念その他のバリアがあった場合に障がい者となる。逆に言えば，バリアフリーになれば障がい者ではなくなるということを意味している。

推進室ビッグデータチームの「地域経済分析システム（RESAS）[2]」などのサービスが提供されることから，すでにデジタル社会になっているとみてよいだろう。

　このようなデジタル社会の恩恵は，障がい者[3] の社会参加に大きな影響を与える。デジタル技術は障がい者へ次のバリアフリーをもたらした。

・情報のバリアフリー

　　障がいをもつ者にとっては，インターネットは社会を知り，それに参加できる「窓」である。視覚障がい者にとって文字を読み上げてくれる PC は社会を知る「眼」であり，聴覚障がい者にとってモニタや AI によるリアルタイム字幕は「耳」となった。

・行動のバリアフリー

　　車椅子で入れる喫茶店やトイレもインターネットで事前に探すことができるなど，行動の範囲は大きく広がった。

・就労のバリアフリー

　　テレワークは，デジタル技術を使い場所や就労時間に制限されない働き方であるがゆえ，障がい者にとっては就労の機会を提供している仕組みである。

　テレワークの技術は，障がいをもたないものにとっても，自分のペースで自分らしく働くことを可能とした。これらのバリアフリーをもたらしたデジタル社会は，障がいを超えて社会と接する仕組みを与えていると言える。

1.1.2　デジタル社会の影

　デジタル技術が私たちに大きな恩恵を与えてくれた一方，ウイルス感染，迷惑メール，架空請求，情報漏えい，誹謗中傷など影の部分も目につくようになってきた。ここにサイバー犯罪の増加を示す資料がある（**図 1.2**）。これによれば，不正アクセス，詐欺，子どもたちを狙った犯罪，著作権侵害や名誉毀損などは，ここ数年増加傾向にある。

　また，情報処理推進機構（IPA）は，毎年「情報セキュリティ 10 大脅威」として，個人と法人それぞれに社会的影響が大きかったセキュリティ上の脅威を取り上げ，注意喚起を行っている（**表 1.1**）。個人への脅威として，ネットショッピングの決済を騙る詐欺が主流であり，法人においては財産的価値がある機密情報を不正に取得す

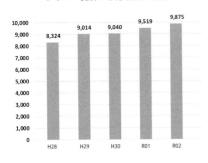

サイバー犯罪の検挙件数の推移

H28	8,324
H29	9,014
H30	9,040
R01	9,519
R02	9,875

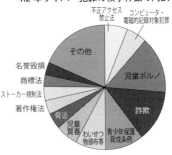

R2 年サイバー犯罪の検挙件数の内訳

（不正アクセス禁止法，コンピュータ・電磁的記録対象犯罪，児童ポルノ，詐欺，青少年保護育成条例，わいせつ物頒布等，児童買春，脅迫，著作権法，ストーカー規制法，商標法，名誉毀損，その他）

図1.2　インターネット犯罪の検挙数
ここで「コンピュータ・電磁気的記録対象犯罪」とはデータを不正に操作したり，ウイルスを作成する犯罪を意味する。本資料は，下記をもとにまとめた。
警察庁「令和2年におけるサイバー空間をめぐる脅威の情勢等について」
https://www.npa.go.jp/publications/statistics/cybersecurity/data/R02_cyber_jousei.pdf

昨年順位	個　人	順位	組　織	昨年順位
1位	スマホ決済の不正利用	1位	ランサムウェアによる被害	5位
2位	フィッシングによる個人情報等の詐取	2位	標的型攻撃による機密情報の窃取	1位
7位	ネット上の誹謗・中傷・デマ	3位	テレワーク等のニューノーマルな働き方を狙った攻撃	NEW
5位	メールやSMS等を使った脅迫・詐欺の手口による金銭要求	4位	サプライチェーンの弱点を悪用した攻撃	4位
3位	クレジットカード情報の不正利用	5位	ビジネスメール詐欺による金銭被害	3位

表1.1　情報セキュリティ10大脅威 2021
2020 年に発生した社会的に影響が大きかったと考えられる情報セキュリティにおける事案から，情報処理推進機構（IPA）が決定したもの。ここでは上位5つをあげた。
https://www.ipa.go.jp/security/vuln/10threats2021.html

るための狡猾な手段が次々と出てくることが脅威となっている。

　デジタル社会では，恩恵はこれら脅威とともにある。私たちは，この影の部分を理解し自衛しなければならない。

1.1.3　サイバー攻撃の分類

　サイバー攻撃を理解することは，それから情報や情報機器を守るためには必要なことである。ここでは，サイバー攻撃を「なぜ」「誰が」「何を」対象に「どのように」攻撃したかの観点で分析し，対策へつなげようと思う。

■「なぜ」：意図，目的，動機にかかわる視点

　トラブルや事件が起きた場合，それがなぜ起きたのかを検討することは，再発を未然に防ぐためにも有意義である。ここでは3つの視点を取り上げる。

　①意図的か偶発的か
　　・意図的トラブル：保険会社のシステム管理者が権限を悪用し，顧客情報を売買するなどが，この場合にあたる。
　　・偶発的トラブル：地震などの天災による被災，故障，USBの紛失などの過失，設定ミスによるもの。
　②不正行為の目的

**4）機密性の喪失，完全性の
喪失，可用性の喪失**
　詳しくは 3.3.1 節「情報セ
キュリティとは」を参照。

何を目的とした不正行為なのかでも分類できる。不正目的は
以下に大別される⁴⁾。

・機密性の喪失：機密情報の他に，個人情報やクレジット番号
などを不正に取得することを目指す。例えば，2011 年，三
菱重工業がサーバ攻撃を受け，最新鋭の潜水艦やミサイル，
原子力プラントなどの情報が流出した。

・完全性の喪失：Web サイトへマルウェアを設置したり改ざ
んしたりするなど不正に情報を改ざんすることを目指す。
2017 年，アイカ工業の Web サイトが改ざんされ，身代金ウ
イルス（ランサムウェア）「Bad Rabbit」の踏み台とされた。

・可用性の喪失：無線 LAN を不正使用するなど PC や情報を
不正に利用したり，サーバ攻撃でサーバを利用停止にする。
2016 年，金融庁の Web が外部から大量の通信を受け，閲覧
できなくなった。

　これらの目的の動機を調べてみると，おおまかには次の 4 つ
に集約される。

③不正行為の動機

・面白半分：未成年が世の中を驚かせたいなどという動機から，
自分が入手した技術を試す。2017 年，当時 14 才の中学生
が SNS を通じてコンピュータウイルスを公開し逮捕された。
動機は「みんなに注目されたかった」。

5）ハクティビズム
　ハッキング（hacking）と
アクティビズム（activism）
の合成語。サイバーテロと見
なされることが多い。

・ハクティビズム（hacktivism）⁵⁾：自分たちの主義主張のため
に，敵対する企業や他国政府の Web サイトを攻撃し利用停
止にする，Web サイトを改ざんするなど。2011 年，ハッカー
集団アノニマスは，ソニーがゲーム機 PS3 のプロテクトを
解除したハッカーを訴えたことに対する報復として，ソニー
PS ネットへの攻撃をし，約 7700 万人の個人情報を流出さ
せた。

・金銭的利益を得るため：詐欺行為，個人情報や機密情報の不
正利用や販売のため，マルウェアを改ざんし，第 2 パスワー
ドを不正に取得するなど。2014 年，正規の Web サイトで第
2 パスワードを盗むウイルスが発見された（**図 1.3**）。

・国家間の争い（サイバー戦争）：平時においては，敵軍の情
報収集や武器開発の遅延を目指す攻撃を行う。軍事において
は，敵の通信を傍受したり，偽情報の送信・流布，サイバー
攻撃で敵の武器を利用不能にするなど。2010 年，イランの

図 1.3　正規の Web サイトで第 2 パスワードを盗むウイルス

このウイルスに感染すると正規の Web サイトを訪れたにもかかわらず，銀行との通信を途中にフックされ，第 2 パスワードを入力するフォームが表示される。「マンインザブラウザ（Man in the Browser，MITB）」という攻撃方法である。
トレンドマイクロの下記資料より引用。
http://www.is702.jp/main/special/140424/trendmicro_r9_1.mp4

原子力発電所内の制御系コンピュータにウイルスを感染させ，核燃料濃縮に必要な遠心分離機に不具合を生じさせ，核開発を遅らせたという事件があった。当時緊張関係にあったイスラエル・アメリカの仕業とされている。このウイルスは Stuxnet と呼ばれている。

■「誰が」：攻撃者にかかわる視点

次に誰が攻撃を行うかを説明する。部内者と部外者が行う場合がある。それぞれは主に次のような人たちである。

- 部内者：従業員，アルバイト，派遣社員，委託先など。
- 部外者：クラッカー，スパイ，テロリスト，取引相手など。

これに①の意図的と偶発的を重ね合わせると**表** 1.2 のようになる。

表 1.2　内部犯行と外部犯行，その目的

	過失（偶発的）	故意（意図的）
内部の人間 従業員，アルバイト，委託先など	メールの誤送信，PC や USB メモリの紛失・盗難。過失でウイルス・スパイウェアに感染	スパイ，データの持ち出し，ウイルス・スパイウェアの設置
外部の人間 取引先，スパイ，ハッカーなど		パスワード解析，不正侵入，なりすまし，盗難，ウイルス・スパイウェアの設置

内部犯行の例としては，2014 年，ベネッセの派遣社員が，子どもや保護者の氏名，住所，電話番号，性別，生年月日など最大で 2070 万件の顧客情報を持ち出し売却した事件がある。待遇に不満をもっている部内者の犯行は意外と多い。組織内の情報保護のマネージメントを徹底すべきであろう。また，意図された攻撃のみではなく，過失によって攻撃者になってしまう場合もある。部内者に対しては，悪意の有無に応じた細やかな対応が必要である。

攻撃対象		攻撃手法
ユーザ		ソーシャルエンジニアリング，架空請求，フィッシング詐欺，有害サイト，SNS 上でのトラブル，名誉毀損，プライバシー侵害，著作権侵害，特許権侵害
アプリケーション層	公開サーバ	SQL インジェクション，クロスサイトスクリプティング，メール差出人詐称，DNS キャッシュポイゾニング，HTTP セッションハイジャック，Web スキミング
	非公開サーバ	バッファオーバーフロー攻撃，パスワードクラッキング
トランスポート層（TCP/UDP）		DoS/DDoS 攻撃，ポートスキャン，偽装 TCP コネクション
インターネット層（IP/ICMP）		経路制御情報の書き換え，IP アドレス詐称，Smurf 攻撃，ICMP を利用した DoS 攻撃，ARP キャッシュポイゾニング
ネットワークインターフェイス層	データリンク層	パケットモニタリング（有線/無線），Eternet フレームの改ざん，無線 LAN
	物理層	

表 1.3　通信プロトコルごとの攻撃手法
　マルウェアは，攻撃対象を絞りきれないことから入れていない。また，DoS 攻撃も，攻撃手法によって対象は異なる。ここでは，代表としてトランスポート層に入れた。ユーザの層は TCP/IP のプロトコルではないが，詐欺などユーザをねらった攻撃があること，ユーザはネットワークを使用する立場であることから，アプリケーション層の上に位置づけた。

■「何を」：攻撃対象にかかわる視点

　攻撃者は，情報の機密性・完全性・可用性の喪失を目的としている。その手段として，ユーザ及び情報機器の脆弱性をついてくることが多い。本書では，これら脆弱性への攻撃を，**表 1.3** で示すように TCP/IP のプロトコルを中心に整理する。そして，次章以降，それぞれのレイヤーごとに，攻撃と対策方法について解説する。

■「どのように」：攻撃方法にかかる視点

　先に挙げた不正目的を達成するために，まず情報収集がなされ，次に不正行為が実行される。上述の攻撃を整理すると**図 1.4** のようになるだろう。大半の不正行為は，③不正侵入と④外部からの攻撃のいずれかである。それを実行するために，様々な仕掛けをする②準備行為がなされる。例えば，①銀行の Web サイトを研究し，②偽装メールで偽装サイトへ誘導，③パスワードを盗み，なりすまして不正侵入するなどである。この図ですべての攻撃方法が説明できるわけではないが，手法の理解には役立つだろう。

■直接攻撃と間接攻撃

　・直接攻撃：サーバへの直接不正侵入や DoS 攻撃などを試みる場合。不正侵入対策や攻撃元が判明する場合があるので，最近は少なくなっている。

　・間接攻撃：マルウェアを感染させバックドアを設定したり，マルウェアに感染した PC を遠隔操作し DoS 攻撃を行うなど。

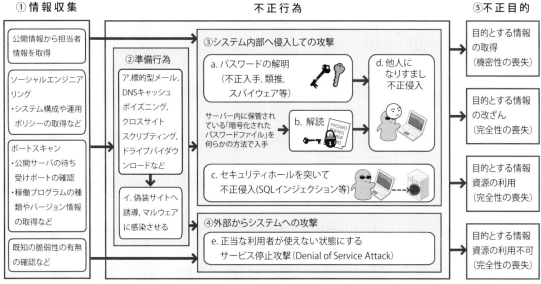

図 1.4　攻撃方法
佐々木良一ほか『インターネット時代の情報セキュリティ』共立出版（2000）p.16に加筆。本文で説明した攻撃方法以外にも，①標的のサイトのサービスを調査し，③SQL インジェクションで不正侵入する，①標的のサイトのサービスを調査し，②第三者の PC をマルウェアに感染させ，④ DoS 攻撃をさせる，などもある。

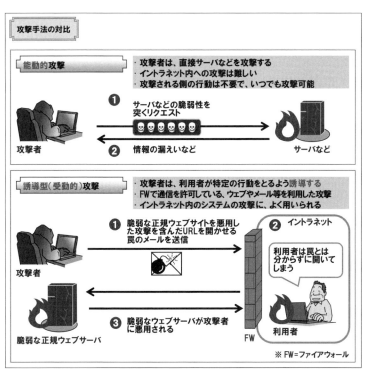

図 1.5　攻撃手法
IPA「情報セキュリティ白書2009 第 II 部　10 大脅威」
http://www.ipa.go.jp/security/vuln/10threats2009.html

■能動的攻撃と受動的攻撃（図 1.5）

- 能動的攻撃：攻撃者がサーバの脆弱性を突き，直接不正侵入するなど。
- 受動的攻撃：偽装メールを使い，狙った企業の従業員に対して仕掛けを施した Web サイトへ誘導し，マルウェアを感染させるなど。

6）標的型攻撃

2.1.6節「より複雑で高度な攻撃」も参照。

■標的型攻撃 [6]

標的となる組織の情報を収集し，その組織内の担当者に対して，取引先などを装ったメールにマルウェアをつけて送り，システムに侵入する。そしてより深くシステムに侵入し内部から組織の情報を収集，外部へ送信するなどの攻撃手法である。2011年に起きた三菱重工からの情報漏えいは，この攻撃がきっかけだったという。2012年には農林水産省やJAXAも被害に遭った。2020年に新型コロナウイルス感染が広がった際には，テレワークへの業務移行についての偽装メールを送りつけ，マルウェア感染を広げた。

7）中間者攻撃

man-in-the-middle attack（MITM）またはバケツリレー攻撃 (bucket-brigade attack) は，能動的な盗聴の方法である。

中間者攻撃では，攻撃者が犠牲者と独立した通信経路を確立する。犠牲者間のメッセージを中継し，実際にはすべての会話が攻撃者によって制御されているときに，犠牲者にはプライベートな接続で直接対話していると思わせる。

Wikipedia より引用。

■中間者攻撃 [7]

先に説明したMITBのように，ユーザが使用しているアプリと，ユーザが利用するサーバとの通信の間に入りこみ，情報を不正に取得したり改ざんする攻撃である。2018年，ブリティッシュ・エアウェイズのサーバから38万人以上のユーザのカード情報が盗まれた。このとき，ブリティッシュ・エアウェイズのサーバとユーザのブラウザの間にあるサードパーティの予約サービスが悪用された。また，スマホを使ったSNSの多要素認証も，この攻撃で破られた。サービスが多様化しており，自前ではその技術を用意することができず，サードパーティのモジュールを使うざるを得ない状況が背後にある。詳しくはトピックス①を参照のこと。

■ゼロデイ攻撃

以上で挙げた攻撃は，攻撃者同士の情報共有によりかなり迅速に行われるようになっている。システムの脆弱性が発見されるや数時間後に，攻撃手法がインターネットで公開されることもある。このような場合，ソフトウェアの開発者やシステム管理者などが対策を取れないまま攻撃が進むことがある。これを「ゼロデイ攻撃」という（**図1.6**）。

図1.6 ゼロデイ攻撃

ウイルスなどによる攻撃は，コンピュータの脆弱性を狙ったものが多い。脆弱性が発見され，それを悪用した攻撃パターンが公開されるまでの時間がかなり短くなってきている。対応策が発表される以前に攻撃が始まる場合が少なくない。

脆弱性の発見　　攻撃パターンの公開　　攻撃　　対策

時間の流れ

1.1.4 サイバー犯罪

　古来，有体物[8]が犯罪の対象であったが，デジタル社会では，電子マネーに代表されるように，情報自身が財産的価値を有したり，業務上重要な資源となっていることから，情報自身も窃盗や破壊，改ざんの対象となっている。中には，コンピュータウイルスを作成し社会を混乱におとしめる者もいる。また，ネットワークを使った詐欺も多く見られる。コミュニケーションのあり方も，従来とは大きく変わってきており，匿名性を保たれたまま，人に影響を与えるような内容を広く気軽に発信することができるようになった。これによってSNSでの無責任な発言や名誉毀損，誹謗中傷なども起こっている。さらに，ネットストーカーや児童買春のような土壌となっていることも否定できない。また，デジタル技術は，他人の音楽や動画を簡単に複製したり編集することができる。さらに，インターネットの高速化によりそれらを広く公開することも可能である。海賊版という深刻な著作権侵害も起こっている。本書では，これらの実態を「図1.2　インターネット犯罪の検挙数」で示した。

　これらのサイバー犯罪に対する自衛手段として様々な技術的な対策も導入されているが，それには高度な技術を必要としたり，導入コストが高額である場合もあり，実装には限界がある。社会的規範の維持という点からも，法的に対応することも必要である。本書では，第4章「デジタル社会と法」において，法律をどのように改正しどのような法律を新設することで，デジタル社会によって生じた負の部分にいかに対処しようとしたかを見ていこうと思う。

8）有体物
　民法第85条では，「固体・液体・気体など空間の一部を占めて存在する物」を示す概念。
http://ja.wikipedia.org/wiki/物（法律）

▶▶▶ 1.2
技術的対策と法的対策，そして倫理

　デジタル社会において，サーバ攻撃やサイバー犯罪に対する技術的対策と法的対策は次のような特徴がある。

■技術的対策と法的対策

- 技術的対策：ある行為を技術的に不可能にする，もしくは可能にする。例えば，ウイルス対策ソフトでコンピュータウイルスを検知する，堅固なパスワードを設定するなどで不正侵入を防ぐなど。
- 法的対策：人間の行為を権威や処罰でもって規制する。例えば，個人情報保護法，著作権法，不正アクセス禁止法など。

10）技術的にも可能で，法律も禁じていない行為
　例えば，不正指令電磁的記録に関する罪が成立する2011年7月14日以前は，コンピュータウイルスを作成しても罪には問われなかった。

11）適用範囲を明確にしない法律
　治安維持法などの制定が，第二次世界大戦前に為政者によってどのように使われたのかを参考にしてほしい。

しかし，すべてのサーバの攻撃から情報や機器を守りきることは，システムの脆弱性を完全になくすことができず難しい。そして次々と新たな攻撃方法もあみだされることから，どうしても，技術的対策には「穴」が生じる。他方，法的対策であっても同様である。デジタル社会の発展とともに，新たな価値観が生まれ守るべきものが生じても，法整備が間に合わない[9]場合もある。

　また，デジタル技術が急速に進めば，それを悪用する人がでてくる。それを技術と法律で対策しても，さらにそれらを迂回するような技術が生まれることも起こりえる。対策の「穴」はいつまでもあり得るのだ。このような「穴」に対して，私たちはどう対応すべきであろうか。技術的にも可能で，法律も禁じていない行為[10]でも，社会全体の安全・安心を鑑みあえてそれを行わないという態度は必要ではないだろうか。そこに情報倫理の役割があるように思える。

　もう1つ留意すべき点は，「法律や保護技術をどこまで厳しくし，どこまで徹底すべきか」である。バックアップを許さないDVD，模倣がまったく許されない芸術など，厳し過ぎる規制は私たちの利便性や創造性を奪ってしまうことは容易に想像できる。また，Webサーバのキャッシュを許さないような著作権法が，日本の検索エンジン開発の足かせになったように，過度の保護は科学の進歩までも阻害する。また，適用範囲を明確にしない法律[11]は，後世に一部の人によって別の目的に流用される危険性があることも否めない。以上のような過度の対策，偏った対策を批判するのも倫理の働きではないだろうか。

■倫理的対策

・倫理的対策：情報社会のあり方を鑑み，自己の行動を自発的に規制する，または自発的にあえて行動する。

　本書では，倫理的対策をこのように定義した上で，次のような機能をもつものと位置づけたい。

①倫理的対策の機能1：対策の不備を補う補足的な機能。例えば，違法でもなく，技術的にも可能であるが，社会のためにあえてやらないという態度。

②倫理的対策の機能2：対策が偏らないようにチェックする批判的な機能。社会のあり方や利用者の利便性などを鑑みた場合，新たなビジネスなどを阻害する厳し過ぎる保護，一部の組織に偏った保護などへの批判する機能。例えば，個人情報保護法の第三者提供禁止に対して，地域コミュニティに影響を及ぼすか

らという批判する態度，著作権の過剰な保護に対して異議を唱える態度など。

　モラルが社会的ルールであるのに対して，倫理は一人ひとりが心の中で自らの行動を律するものである。技術的対策，法的対策があっても，それらが遵守されなければ意味がない。また，技術的対策，法的対策の暴走は人間を不幸するだろう。逆に，技術的対策，法的対策が不在の倫理的対策は，何の実行性もない。安全・安心で人が自分らしく生きることができるような情報社会のためには，これら3つの対策のバランスが必要であろうと思う。本書はこの観点をもとに論を進める。

演習問題

Q1　デジタル技術の発展によって，障がい者の生活がどのように変わったのかを調べなさい。できたらヒアリングをすること。

Q2　聴覚障がい者にとって，PC やインターネットがどのように活用されているのかを調べなさい。

Q3　**図** 1.2 の警視庁「サイバー空間をめぐる脅威の情勢等について」と IPA「情報セキュリティ 10 大脅威」の最新版から，最近の傾向を確認しなさい。

Q4　Stuxnet について調べなさい。

Q5　安全・安心なデジタル社会のために，倫理的対策がどのような役割を果たすか，考えなさい。

参考文献

警察庁「令和 2 年におけるサイバー空間をめぐる脅威の情勢等について」https://www.npa.go.jp/publications/statistics/cybersecurity/data/R02_cyber_jousei.pdf

佐々木良一ほか『インターネット時代の情報セキュリティ』共立出版（2000）

情報教育学研究会『インターネット社会を生きるための情報倫理 改訂版』実教出版（2018）

情報処理推進機構「情報セキュリティ 10 大脅威　2021」https://www.ipa.go.jp/security/vuln/10threats2021.html

情報処理推進機構「情報セキュリティ白書　2021」実教出版（2021）

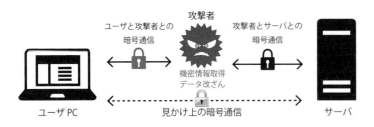

攻撃者

ユーザと攻撃者との　　　　　　　　　　攻撃者とサーバとの
暗号通信　　　　　　　　　　　　　　暗号通信

機密情報取得
データ改ざん

ユーザ PC　　　　　　　　見かけ上の暗号通信　　　　　　　　サーバ

図1　中間者攻撃
　ユーザ PC はサーバと直接暗号通信を行っているつもりでいるが，実際には攻撃者が間で通信を仲介しいる。
　1.1 節の図 1.3 で取り上げた MITB では，攻撃者がユーザ PC のブラウザに第 2 パスワードの入力フォームを表示させる。ブリティッシュ・エアウェイズの Web サイトでは，カード情報が中間でスキミングされた。その他，攻撃者が，FiWi の偽装アクセスポイントとなった例もある。

　中間者攻撃は，二者間の通信を特別なソフトウェアなどの不正な手段を用いて傍受・盗聴または改ざんするものである。いろいろな場合があるが，攻撃者は，ユーザ PC やサーバのファイアウォールの外にいることが多く，検知・対策することが難しい。

　ここでは，この中間者攻撃で，SNS の本人確認の仕組みを偽装した例を紹介する。SNS は，利用者にメールアドレスとパスワード，電話番号，電話番号に届く認証番号の 4 つの情報入力を促す。これら 4 つが入力されると本人確認が完了し SNS へサインインできる。上 4 つの情報を中間者攻撃で下記のように不正に取得する。

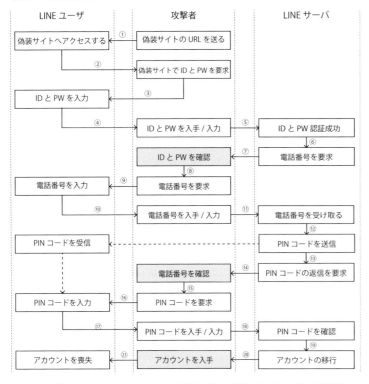

図2　LINE の本人確認の仕組みを偽装したフィッシング
　①から㉑の順番に追っていくと手順が明確になる。LINE ユーザと LINE サーバが直接やり取りをせず，アカウントを変更できる。
林 憲明等「フィッシング詐欺のビジネスプロセス分類」の資料に加筆した。
https://www.antiphishing.jp/news/collabo_20210316.pdf

　③で偽装サイトを見破る，本人確認に使う電話番号は事前に登録しておくことが，この攻撃を防ぐ手段であろう。

第2章

インターネット社会への攻撃と対策

ユーザへの攻撃

　前章において，インターネット社会への攻撃をTCP/IPの概念に合わせて分類した。ここからは，主にインターネット社会への攻撃と対策を技術的な面から整理したい。その手始めとして，ユーザへの攻撃を取り上げる。

2.1.1　ソーシャルエンジニアリング

　ソーシャルエンジニアリングとは，人間の心理的な隙や，行動のミスにつけ込んで個人がもつ秘密情報を入手する方法のことで，詐欺などによく使われる手法のことをいう。思わずクリックしてしまうなどの人間心理がもつ脆弱性と言ってもよい。これが，インターネット上の詐欺などで使用され始めたは2000年頃からである。その初期のものを**図2.1**にあげる。

　企業ログなどを盗用したり，htmlのリンクを悪用するなど形は変わっているが，現在でも「緊急」「重要」などを強調し，攻撃者が意図する方向へ行為を促す点は変わっていない。平常時には騙されることはないが，忙しさなどの精神的なゆとりがない場合などは引っかかってしまう場合もある。ソーシャルエンジニアリングでよく狙われる人の脆弱性とそれを悪用した攻撃を**表2.1**にまとめる。これらへの対策は，人の脆弱性を理解し注意することが第一であるが，手口がますます巧妙になっていることからフィルタリングなど

```
Date: Wed. 4.May, 2003 12:24:55 –0400
From: root@dendai.ac.jp
To: mmk@dendai.ac.jp

Subject: 重要　至急パスワードを変更してください

システム管理者からのお知らせ

昨日未明、何者かが外部から侵入した形跡を発見しました。その際、社内のユーザアカウントが使用されている可能性があります。つきましては、更なるシステムの侵入を防止するため、至急利用中のパスワードを"SAFETY123"に変更してください。
```

図2.1　パスワードの変更を要求する偽メール
　rootという管理人と偽り，攻撃者が指定したパスワードを変更させる。外部からサーバが攻撃されたという内容で危機意識を刺激することで，冷静な判断を狂わせる手法。

表 2.1　ソーシャルエンジニ
アリングの手口

ソーシャルエンジニアリング による攻撃	狙われた人の脆弱性
なりすましで，パスワードが盗まれた旨のメールを送り，パスワードを変更させる。	緊急性・重大性が強調されることで，冷静な判断ができなくなる。
同僚を騙り，業務秘密を聞き出す。	これこれの知識をもっている人は同僚に違いない，と思い込む。
警察，信販会社を騙り，電話などで銀行の暗証番号を聞き出す。	信頼できる組織の人と思い込み，その人が言うことを信じてしまう。
ゴミ箱から重要情報を入手する。	私が不要であると思う情報は，他の人も必要としないだろうと思い込む。
コンピュータに貼られた付せん紙のパスワードを読み取り記憶する。	悪意があるスタッフがいる場合もあるにもかかわらず，オフィス内は安全と感じてしまう。
キャッシュディスペンサーを操作しているとき，後ろから覗かれ，銀行のパスワードを盗まれる。	あることに熱心になると，他への注意が散漫になってしまう。

の技術的な対策に頼ることが必要であろう。また，もし騙された場合はどのような対応を取るべきかも準備しておくことも必要であろう。

2.1.2　偽ショッピングサイト（FakeStore）

　実在する企業のサイトに似せた・そのままコピーした「なりすましEC サイト」や，ショッピングサイトにてお金を振り込んだにもかかわらず商品が送られてこない「詐欺サイト」などいくつかのパタンがある。最近は前者が多く見られ，その特徴として次の点があげられる。

- ・激安アウトレットサイト，ありえない安さ
- ・信頼できるサイトとみせかける
    - » 本物のサイトをコピーして使用（デザインを盗用）
    - » 本物のサイトの代理店を語る（ロゴを盗用）
    - » 所在地や電話番号は実在の組織のもの（連絡先を盗用）
- ・サイトに暗号化が施されていないことが多い

これらからわかるように，このようなサイト運営者（攻撃者）は，できるだけ本物に見せかけるための工夫を行っている。以前はサイトのURL が https で始まるかどうかが偽サイトかどうかを見分ける有効な手段とされていたが，最近では無料で暗号鍵が利用できることもあって必ずしもそうは言えない。

　それでは，攻撃者はどのような人たちであろうか。2016 年に偽

図 2.2　偽ショッピングサイト
　実際にある他のショッピングサイトを書き換え使用している。このようなサイトを多量に作成しているせいか，内容に矛盾が多い。例えば，クレジットカードが使えないとありながら，別の場所では，使用可能なクレジットカードが記されている。
　また，お問い合わせ先には，元のサイトの連絡先がそのまま表示されている。

ショッピングサイト名を誰が登録しているかを検索[1]したところ，所在地が海外で，一人で 100 近い偽ショッピングサイトを運用していたことがわかった。そこから，数多くのワナを仕掛け被害者がそれにかかるのを待っている手法であろうと推測される。そのせいか，サイトのつくりに雑さがある。

　サイトの不自然さや矛盾に気がつくことも有効な対策ではあるが，価格の安さに目が奪われてしまうことも多い。セキュリティ対策ソフトなどの Web フィルタリング機能を活用することも必要であろう。また，もしそのようなサイトに自分の個人情報やクレジットカードを登録してしまった際の対応[2]についても事前に留意しておく必要があるだろう。

2.1.3　架空請求（ワンクリック詐欺，ツークリック詐欺）

　ワンクリック詐欺，ツークリック詐欺は，前節のものとは異なり「契約しましたよね」と主張し金銭を支払わせるものと言える。個人ブログを装い「芸能人お宝画像はこちら」などの記述でクリックを誘い，入会登録完了のページへと導く手口が多い。**図 2.3** はその実例である。まず，被害者が「お宝映像はこちら」などをクリックすると①確認画面が現れる。この画面の「ok」をクリックすると，②データをコピーしているようなアニメーションが現れ，③契約完了と表示される。ワンクリック詐欺は，「お宝映像」からすぐに契約完了となるが，①で一度契約の確認が入る。そのため「ツークリック詐欺」と呼ばれている。

　インターネット上で物品の売買などを行う電子商取引では，有料サービスであることが明示されており，その上で契約の意思を確認

1) サイト名登録者は whois コマンドなどで検索することができる。または，aguse などの調査サイトでも調べることができる。aguse は，不審なサイトに直接アクセスせずにサイトの内容を安全に調べることができる。
aguse
https://www.aguse.jp

2) 偽ショッピングサイトに自分の個人情報を登録してしまった場合，最寄りの警察のサイバー対策課や国民生活センターへ相談するとよい。クレジットカード番号を入力してしまった場合は，そのクレジットカード会社へ必ず連絡を入れることをお薦めする。カードの不正使用を防ぐことができる。

図2.3　ツークリック詐欺の手口

①よく見るとアダルトサイトの利用規約が書かれている。中には背景を暗くし内容をわざと読みにくくしているものもある。「OK」を初期値とし誤ってクリックしやすいように誘っている。

②アニメーションで自分のPCから情報が転送されたように見せかける。実際には何も転送されていない。

③入会完了の画面。契約に必要がない閲覧者のIPアドレス，利用日，契約しているプロバイダ名などを明記し，あたかも閲覧者の個人情報を取得しているように装う。実際は，これらの情報は，インターネット上で公開されているもので，誰でも簡単に取得できる。

このような仕組みで，サイト運営者は閲覧者に「お前のことはわかっているぞ，逃げることができないぞ」という圧力をかける。法的に支払い義務は発生しないことが大多数である。無視してよい。

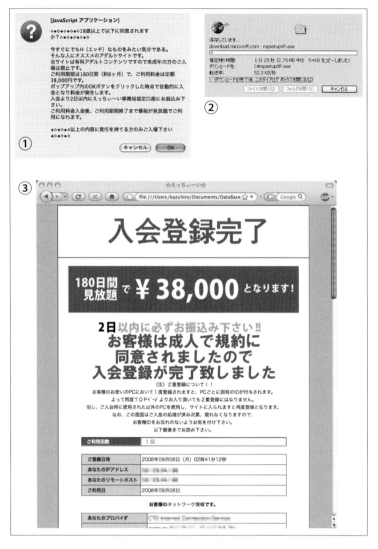

3）電子商取引

電子消費者契約法第3条，特定商取引法第11条および第14条が該当する。

法律に準拠したサイトのつくり方については，経済産業省「電子商取引に関する準則」を参照。最新版は，下記にリンクされている。

電子商取引の促進
https://www.meti.go.jp/
policy/it_policy/ec/

し，契約内容も確認，訂正，キャンセルできるステップがあることが契約上必要であることが法的に定められている。さらに，虚偽の説明や，価格・支払い条件などを故意に告知しない，消費者を脅して困惑させたりする勧誘行為があった場合は，その契約は無効であることが定められている[3]。アダルトサイトであってもこの点は通販サイトと同様である。**図2.3** に示したツークリック詐欺は①で意思確認を行っているという点でワンクリック詐欺とは異なり契約は有効のように思えるが，サイトの利用規約がポップアップ画面になっていること，「OK」がデフォルトになっていることから，錯誤を誘おうとする意図が見える。さらに，②のようなアニメーションを流し，あたかも個人情報を取得しているように見せている。これは，アダルトサイトを閲覧したという記録でもって契約成立を強い

るものであり，違法な勧誘行為とみなせるだろう。

　ワンクリック詐欺もツークリック詐欺も契約は成立していないことから，基本的には無視 4) をして相手に連絡をしないことが一番である。もし疑問が残った場合には，次の措置を取るとよい。

　(i)まず冷静になる。事態は急に悪化することはない。

　(ii)「登録完了」のページを印刷するなど記録をとる。

　(iii)サイト名 URL を検索して，同じ被害の有無を調べる。

　(iv)国民生活センターなどのサイトで架空請求業者リストに登録されていないか調べる。もし登録がない場合は，それらのセンターか警察へ相談する。

　架空請求は，振り込め詐欺などと同様に，人間の心理につけ込んだものが多い。特にアダルトサイトを閲覧した場合などは，身近には相談しにくいことが多い。気持ちを落ちつけまずは記録をとり，状況を観察するのが一番であろう。

2.1.4　偽セキュリティ対策ソフト

　喜ばしいことに，セキュリティ対策の重要性は現代社会ではかなり浸透している。それを逆手にとり，なんの役に立たないソフトウェアをセキュリティ対策として売りつける詐欺がある。

　その手法は，**図 2.4** にあるように勧誘メールで偽ソフトウェア販売サイトへ誘導し，偽のセキュリティ対策ソフトをダウンロードしインストールさせる。または「危険を検知しました」という警告を出して誘導する場合も多い 5)。中には，ポップアップ画面と同時に警告音を鳴らし恐怖心を煽るものもある。また，偽のソフトウェアを売りつけるのではなく，偽の PC サポート契約を結ばせるものもある。どれもセキュリティに対する不安を巧みに操り，粗悪なソリューションを提供する詐欺と言える。もし勧めに応じてクレジットカード決済を行えば，そのカード情報は高額で転売されるおそれがある。それだけではなく，インストールしてしまったものは，実は個人情報を取得し第三者へ送信するスパイウェアである可能性もある。セキュリティ対策ソフトは，安易に導入するのではなく，自らで十分に調べたり，信頼できる人に相談してから導入するのが望ましい。

　偽のセキュリティ対策ソフトは，外見は本物と同じように動くことが多く，見かけ上で本物か偽物かを判断することは難しいが，正規セキュリティ対策ソフトによるウイルススキャン 6) で検出し駆

4）**基本的には無視**
　まれに実在する裁判所を悪用する場合もあるので注意が必要である。少額訴訟を行い，裁判所から召喚状をださせる。受け取った者が，身に覚えがないので無視をすると，敗訴となってしまい支払い義務が発生するというものである。裁判所などからの呼び出しは確認した方がよい。
　ただし，召喚状が偽物という場合もあるので，電話番号は電話帳などで調べた方がよい。

5）非常に稀な例であるが，2014 年，偽のセキュリティ対策ソフトが，Google の公式アプリで 5 ドルで販売されていた。1 万回を超えるダウンロードがあり問題となった。当時の Google は，どのアプリを選ぶかはユーザの自己責任というスタンスをとっていたため，ストア内のアプリのセキュリティチェックを行っていなかったことが原因。現在では改善されている。

6）**正規のセキュリティ対策ソフトによるウイルススキャン**
　Windows には，セキュリティ対策ソフトが標準装備されている。また，いくつかのセキュリティ対策ソフト会社の Web サイトには「オンラインスキャン」という無料サービスがある。それを活用するのも 1 つの方法である。

図 2.4　偽セキュリティ対策ソフトの販売

①攻撃者が偽セキュリティ対策ソフトを配布するサイトを設置。脆弱性があるサーバが狙われる場合もある。

②差出人を偽装したメールで，セキュリティ対策ソフト会社を騙り，①のサイトへ誘導する。

③ユーザが偽メールのおいしい話に騙されダウンロードする。場合によっては，ユーザのPCの脆弱性が悪用され，勝手にウイルスチェック画面がでたり，勝手にダウンロードする場合もある。

④⑤偽セキュリティ対策ソフトの体験版をインストールすると，ウイルスチェックらしい画面はでるが，実際にはファイル名を適当に表示するだけでウイルスチェックなどを行っていない場合が多い。検査結果も嘘である。

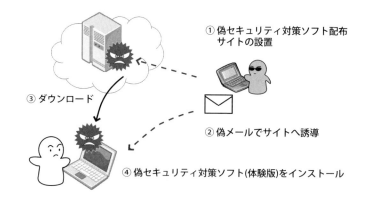

③ ダウンロード

① 偽セキュリティ対策ソフト配布サイトの設置

② 偽メールでサイトへ誘導

④ 偽セキュリティ対策ソフト(体験版)をインストール

⑤ 偽セキュリティ対策ソフトを起動すると，ウイルススキャンが実行され嘘の検査結果を表示され，製品版の購入を勧められる。

除できる場合が多い。ただ，中にはいったんインストールすると削除することができなかったり，他のセキュリティ対策ソフトを停止させるものもある。偽セキュリティ対策ソフトをインストールしてしまった場合，万全を期すには，PCを初期化して購入時の状態に戻した方がよい。そのためには，保存データのバックアップは日頃からこまめにとっておく必要がある。

2.1.5　フィッシング詐欺

　有名企業のWebサイトにそっくりな偽装サイトを用いてクレジットカード番号を盗もうとする。事前にその企業を装ったメールを相手に送りつけ，「アカウント情報を確認して下さい」などと言葉巧みに偽装サイト（**図2.5**）へ誘導し，パスワードなどの機密情報を入力させようとする。中には，赤十字を騙り東日本大震災への

図 2.5　偽装された銀行の Web サイト
　本物の銀行のメールアドレスから，アカウント情報の確認を求めるメールで偽装サイトへ誘導される。このメールも差出人が偽装されている。
　偽装サイトには，本物のロゴも表示されており，本物の金融機関とそっくりにつくられている。詐欺への注意喚起などが掲載されていることもある。
　なお，三菱東京 UFJ 銀行は，2018 年 4 月 1 日 以 降，三菱 UFJ 銀行と行名が変更となる。ここで例はそれ以前のもの。

寄付を騙し取ろうとするものや，銀行の第 2 パスワードを騙し取ろうとするものもある。この手法は,「つり上げる（fishing）」と「洗練された（sophistcated）」から「フィッシング（phishing）詐欺」と呼ばれている。

　フィッシングサイトへの誘導は，偽装メールだけとは限らない。コミュニケーションの多様化にあわせて，このようなサイトへの誘導経路も多様となっている。その主な例を下記にあげる。

- 差出人を偽装した電子メールによるもの
- 携帯電話のショートメッセージへ URL を送信するもの
- Web の検索結果の上に表示される広告を偽装するもの（検索エンジンポズニング）
- スマホ決済で使用される QR コードの偽装

図2.6 フィッシング詐欺の手口

「フィッシャー」と呼ばれる詐欺師が，悪質な業者より偽装サイトキットを購入，クラッカー（ハッカー）に依頼し，それをインターネット上に設置する。その後，スパマーへ偽装サイトへの誘導メールの配信を依頼する。ユーザは偽装メールに書かれたURLを本物と信じてクリックし偽装サイトへ誘導される。そこには本物そっくりのサイトが用意されており，入力された個人情報は詐欺師へと送信される仕掛けになっている。

これは一例であり，より巧妙な手段もある。

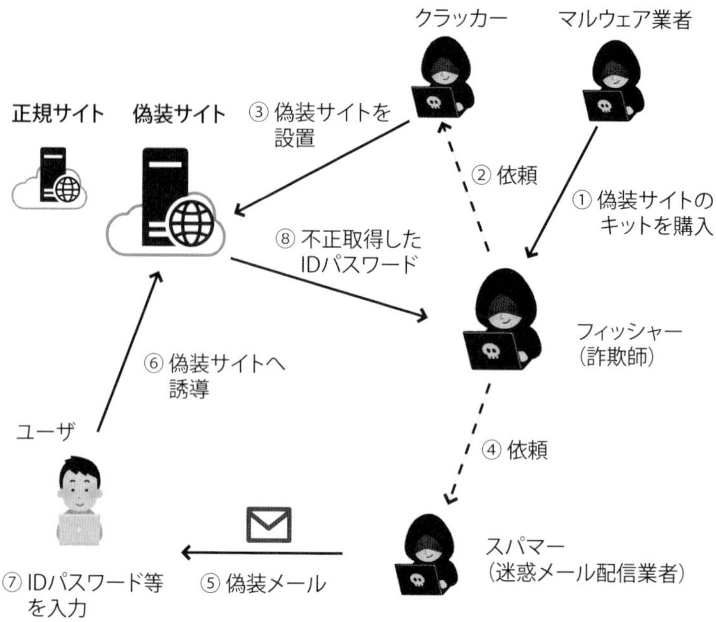

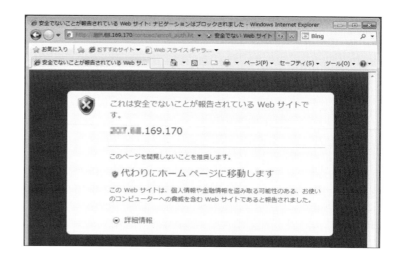

図2.7 偽装サイトを見破ったブラウザ

ブラウザやセキュリティ対策ソフトを最新のものにしておけば，アドレスバーが赤くなる警告がでて接続を遮断する。これとは逆に，安全なサイトであることを強調するために，アドレスバーを緑にするサービス（EV SSL）もある。2021年7月時点では金融機関のWebサイトでよく用いられている。

これらに限らず，今後も新たな誘導経路が生じるだろう。

差出人を偽装した電子メールによる例を**図2.6**にあげる。この図で特筆すべきは，フィッシング詐欺を行うために必要なデータ一式が，「偽装サイトのキット」として販売されていることである。それは，企業ロゴを含み多言語対応されてあり，すぐにフィッシングサイトを構築できるものである。詐欺のためのサプライチェーンが出来上がっていると考えてよい。

フィッシング詐欺のWebサイトを見破るには，WebのURLが正しいかを判断するのが通常の方法だろう。偽装サイトのURLに

は次のような特徴がある。ここで，http://abc.co.jp を正規のドメイン名とする。

① URL が http://192.168.9.1/ のように数字のみからなる。
② トップレベルドメインだけを変更する。
　　http://abc.co.xyz，http://abc.co.ltd など
③ 正規ドメイン名と類似する URL を含むもの。
　　http://abc-co-jp.com，http://abc-co.jp など
④ 短縮 URL を使用し，別サイトへ転送する。
⑤ 正規 URL を偽装してフィッシングサイトへ誘導する。

　その他にも，誘導メールが本物であるか，暗号通信 https は行われているかを精査すべきである。ただ，⑤にあげたように正規の URL であっても偽装サイトが表示されたり，メールの差出人は偽装されていたり，偽装サイトであっても暗号通信を行っている場合がある[7]。

　SNS などにログインする際には，本人確認として ID とパスワードだけではなく，携帯電話へ送信された認証コードの入力が必要となる。攻撃者にとっては，携帯電話とそこへ送られる認証コードも必要となる。そこで，最近のフィッシングサイトでは，被害者と SNS サイトとの通信の間に入り，それらの情報を盗み出す機能（中間者攻撃）を備えているものもある[8]。メールやサイトの真偽の判断を人間の知覚だけに頼るのではなく，ブラウザやセキュリティ対策ソフトのフィッシングサイト検知機能もあわせて活用すべきであろう（図 2.7）。

　フィッシングサイトで攻撃者が収集したアカウント情報は，ダークウェブなどの裏の世界で売り買いされる[9]。そして，購入されたアカウント情報は，不正送金に使われたり，本人になりすまして友人に電子プリペイドカードの購入を依頼したり，フィッシングサイトへの誘導などに利用される。

　もし偽装サイトを開いてしまった場合は，ウイルス感染の可能性もあるので，PC の OS やブラウザなどのソフトウェアを常日頃から最新にし，セキュリティ対策ソフトをインストールしておくことも必要である。また，被害にあった場合を想定しておくことも必要である。まずは各都道府県の警察が設置している「サイバー犯罪相談窓口（フィッシング 110 番）」[10] に相談するとよい。もし金融情報を入力してしまった際には，銀行やクレジットカード会社へ連絡することも忘れてはならない。

7）メールのヘッダ部分に表示される差出人は簡単に偽装できる。そこで，差出人が正しいかどうかを確かめるため，SPF，DKIM，DMARC などが導入されている。
　暗号通信は，先に述べたように，攻撃者も行えるようになってきているので，暗号通信で使われている証明書を精査する必要がある。その方法は「3.2.2　SSL/TLS」で解説する。
　正規の URL をブラウザに入力しても偽装サイトが表示する手法を「ファーミング（Pharming）」という。これは，URL を IP アドレスへ変換する機能をもつ DNS サーバ，ルータ，PC の hosts ファイルなどが改ざんするものである。詳しくは「SQL インジェクション」（p.55）にて説明する。

8）詳しい解説は，下記に掲載されている。
林 憲明等「フィッシング詐欺のビジネスプロセス分類」
https://www.antiphishing.jp/news/collabo_20210316.pdf

9）不正に入手した口座アカウントの料金は，数ドルから 260 ドルと幅があることが報告されている。残高や取引額が大きい口座のものが高額で売買される。
Dark Web Market Price Index – 2019
https://www.top10vpn.com/research/investigations/dark-web-market-price-index-2019-us-edition/

10）**サイバー犯罪相談窓口（フィッシング 110 番）**
http://www.npa.go.jp/cyber/policy/phishing/phishing110.htm
またフィッシング詐欺の最新情報は，「フィッシング対策協議会」
https://www.antiphishing.jp
で検索できる。

突然のメールをお許しください。
私、　　　　　　　　　　の記者をしております　　　　　と申します。
どうぞ宜しくお願いいたします。

この度、日本経済再生問題に関して取材依頼をさせていただきたくご連絡いたしました。
詳しくは添付の取材依頼書をご参照いただき、ご返事をいただけましたら幸いです。

お忙しい折に恐縮ですが、何卒 宜しくお願いいたします。
それでは、良いお返事をお待ちいたしております。

〇〇様 と呼びかけが入る場合がある①

送付先に関係ありそうなテーマ②

署名部分が崩れていたり、2重に名前があったり、冒頭で名乗っている名前と違ったりと細かいミスがある③

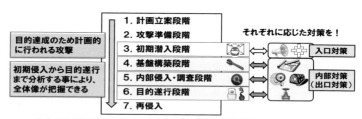

2.1.6　より複雑で高度な攻撃

　攻撃者にとっては，ユーザを騙し偽装サイトの URL や添付ファイルをいかにクリックさせるかが，彼らの目的遂行の成否にかかわる。見知らぬ人からのものよりも，知り合いからの SMS やチャット，メールであれば，クリック率は格段に上がる。このような知人を装った攻撃が，特定の組織を狙ったものとして，2008 年頃から見られるようになった。このような攻撃を「標的型攻撃」という。ター

ゲットの組織や担当者について調べあげ，彼らに不正メールと思わせないような内容のメールを送りつける。まさにソーシャルエンジニアリングを悪用した攻撃と言えよう。

図 2.8 は，IPA が公開したそのサンプルである。メール本文に個人名が入ることで，メールの信頼性が増し添付ファイルのクリック率が上がる。添付ファイルにはウイルスが仕掛けられており，メールの受信者の PC が感染を足がかりに組織のシステム内部に侵入するというのが，彼らのシナリオである（図 2.9）。事実，2011 年の三菱重工や 2015 年の日本年金機構からの機密情報の流出のきっかけは標的型メールであったとされている。そこでは，ユーザへの攻撃は，単なる詐欺ではなく，産業スパイによるより大きな目的のための第一歩となっている。

2.1.7　インターネットを利用した犯罪

ユーザへの攻撃は，技術的なものだけではない。インターネットを利用した下記のような行為も，ユーザへの攻撃とみなす。

- ネットストーカー
- 出会い系サイト関連犯罪
- ネット犯行予告
- 侮辱，名誉毀損
- わいせつ物頒布
- 著作権侵害
- 違法や不正な物品の売買
- 不正アクセスなど

これらの行為には，新たに法律を制定したり，現行法を改定するなどで対応されている。後述の第 4 章「デジタル社会と法」で詳しく説明する。

2.1.8　誹謗中傷など表現の問題

違法薬物の入手方法，自殺の勧誘，残酷な映像を提供するサイトが問題となっている。また昨今，アルバイトが食洗機に横たわったり，食べ物を粗末に扱う様子を SNS へ公開することも同様である。ある特定の人を非難する書き込みや不用意な発言も「炎上」を引き起こしている。これら問題の書き込みは，世間一般の感受性では不謹慎と眉をしかめるべきものであるかもしれないが，法律で処罰するかどうかには慎重な態度が必要である。なぜならば，これらは「表

11）三島由紀夫の「宴のあと」は，その完成度が高いことで海外では高評価を受けた一方，日本では，モデルとなった人物によりプライバシー侵害で訴えられた。裁判では和解となったが，事実上は敗訴である。
　モデル小説にかかわる同様なトラブルは，高橋 治の「名もなき道を」，柳 美里の「石に泳ぐ魚」でも起こっている。これらの問題は，インターネットと出版という違いはあるものの，広く一般に表現された内容が，特定の人の名誉を傷つけたということでは同様であり，私たちが，インンターネット上での表現のあり方を検討する上で参考になる。

現の自由」や「通信の秘密」[11] などと大きくかかわっていることが多いからである。被害が明確でない限り，これらの権利は憲法上私たちに保証されているからである。問題の行為をすぐに処罰したり非難する前に，まず違法であるかどうかを見極める必要があろう。これにかかわる議論も，後述の第4章「デジタル社会と法」で詳しく説明する。

2.1.9　ユーザへの攻撃にむけての対策

　インターネットの普及によって，ユーザがトラブルに巻き込まれる場合が増えている。それは技術的な攻撃もあれば，インターネットを利用した違法行為の場合もある。それらに対して，技術的な対策または法的対策が試みられる。この節で取り上げた技術的対策は次のものである。

- ・攻撃者の手法を知る
- ・サイトの安全性を事前に調べる
- ・暗号通信の確認
- ・ブラウザやセキュリティ対策ソフトの検知機能による攻撃の検知や無効化
- ・有害情報のフィルタリング
- ・ソフトウェアを最新に
- ・セキュリティ対策ソフトの導入

　一方，インターネットを利用した違法行為に対しては，個人情報保護法，著作権法，不正アクセス禁止法，ストーカー行為等の規制等に関する法律などが整備されてきたことを述べた。また，トラブルに巻き込まれた場合の相談窓口としては，最寄りの県警のサイバー対策課や国民生活センターがあることも述べた。ただ，そうであっても，実際に弁護士をたてるという事態になった場合，通常は戸惑ってしまう。そのような場合は，国によって設立された法的トラブル解決のための総合案内である「法テラス」[12] という相談窓口を利用できる。

　さて，明らかに悪意ある行為に対しては，その行為を技術的に封じ込めると同時に，法に即して処罰されるべきであろう。ただ，SNS上のトラブルなどをみる限り，悪意をもった確信犯というケースは少ないように思える。説明不足であったり思慮不足である場合も多いのではないだろうか。それらの行為に対して，フィルタリングなどの技術的な対策や法的に対応をとることは被害者を出さない

12）法テラス
日本司法支援センター
https://www.houterasu.or.jp/

という点では必要であろうが，それだけでは適切とは言えない。このような場合は，自分の行為がネット社会にどのように影響するのかを想像できることが，トラブルを未然に防ぐことであったり，混乱を収拾することになるのではないか。倫理的対策の可能性はそこにあるのではないだろうか。

▶▶▶ 2.2
マルウェア

TCP/IP の各層への攻撃の前に，不正プログラムいわゆるウイルスについて解説しておく。最近では，マルウェア[13] と呼ばれることが多い。

13）悪意をもってつくられたソフトウェアを意味するMalicious Software から派生した造語とされている。

2.2.1 歴史

世界で最初につくられたウイルスは，プログラムが不正コピーした場合に現れるものであったらしい。1990 年代になるとジョークプログラム[14] としても広がったという。目的は利用者を驚かせることであったようだ。感染の仕方は，当初はフロッピーディスクのような媒体を必要としたが，その後インターネットの普及とともにメールに添付されたり，ミミズのようにネットワークを這いずり回って PC に入り込むなどと進化してきている。

14）画面を救急車が横切るなど，無害なものがあった。

年代	期	脅威のタイプ	事例
1990	第1期	・愉快犯的被害 ・限定的被害	・フロッピーディスク感染型ウイルス ・パスワード解析ツール（特定サイトの攻撃）
2000	第2期	・インターネットを介した広域感染	・電子メール添付型ウイルス ・攻撃ツールの普及（分散型DoS攻撃，Web 改ざん）
2003	第3期	・インターネット普及による急速で大規模な感染被害の深刻化	・脆弱性を悪用したウイルスやワーム
2004	第4期	・経済的利益を目的とした情報搾取，組織化・分業化，複合的手段	・口座番号や暗証番号の不正取得を狙ったウイルスやスパイウェア ・ボットに感染させた PC からスパムメール送信や DoS 攻撃をさせるなど
2010	第5期	・攻撃目的の多様化（面白半分，主義主張，お金儲け，国家の指示） ・攻撃の高度化	・ハクティビズムによる攻撃 ・サイバーテロによるデータ破壊 ・武器開発を遅らせるサイバー攻撃 ・標的型攻撃

表 2.2　マルウェアの変遷
　経済産業省がサイバー犯罪の傾向を年を追って整理したものである。インターネットショッピングが普及しインターネット上でクレジットカード決済が盛んになった頃から，金銭的利益を得るものへと目的が変わってきたことを示している。

表 2.3　マルウェアの種類

　マルウェアには，その攻撃パターンや攻撃対象から様々な名前がつけられている。「コンピュータウイルス」は，狭義的には，USB メモリなどの外部メディアを媒体として情報機器に感染し迷惑行為を実行するものを指す場合があるが，ここでは広義的に迷惑行為を実施するものとした。このウイルスのうち，ネットワーク内を移動し感染するものを「ワーム」と呼ぶ。さらに「ボット」は攻撃者により遠隔操作ができるウイルスである。また，「コンピュータウイルス」と「スパイウェア」「バックドア」「トロイの木馬」「悪質なアドウェア」は別物ではなく，スパイウェアの機能をもつコンピュータウイルス，バックドアの機能をもつコンピュータウイルスもある。この表は，マルウェアを挙動の面から多角的に整理したものと理解してほしい。

不正なソフトウェア	特　徴
コンピュータウイルス	ネットワークやメディアによって感染し，特定の条件がそろうことで，データの改ざんや破壊，システムを不安定にする，データを流出させる，他のコンピュータを攻撃するなど様々な迷惑活動を行う。
ワーム	コンピュータウイルスのうち，CD-ROM や USB メモリなどを必要とせずに，ネットワークを通じて感染するもの。
ボット	コンピュータウイルスの一種で，外部からの遠隔操作によって PC を操り，迷惑メールを送信させたり，他のコンピュータを攻撃させる。「ロボット」が語源。
スパイウェア	PC の中に潜み，ユーザに関する情報を収集する。例えば，キーボードで入力されたキーやクレジットカード番号，メールアドレスを記録する。なかには，収集した情報を特定のアドレスへ自動的に送信するものもある。
バックドア	ユーザがログインするものとは別に，攻撃者が外部よりコンピュータのシステムにこっそり入り込むために仕掛けられた通信機能。
トロイの木馬	コンピュータの中にひっそりと忍び込み，設定を秘密裏に変更し，外部から容易にアクセスできるようポートを開放したりバックドアを仕掛けたり，セキュリティ対策ソフトを無効化したり，ある特定の Web サイトからウイルスをダウンロードしたりする。
悪質なアドウェア	広告を表示するソフトウェアのうち，ユーザに十分な説明なしに PC に勝手にインストールしてしまうものなど。PC 起動時に必ず出てくる広告，特定のリンクを勝手に広告元に変えてしまうものなどがある。
クラッキングツール	コンピュータに不正に侵入したり，コンピュータシステムを破壊することを目的にしているソフトウェア。

　目的も，愉快犯的なものから，金銭的利益を得るためと大きく変わってきた。そのターニングポイントが 2004 年と言われている（**表 2.2**）。このときを機に，銀行の口座番号や暗証番号を狙ったものが増えると同時に，手口も狡猾になってきている。それは，専門性をもった攻撃者が手を組んで攻撃を始めたからと言われている。つまり，マルウェアをつくるプログラマ，それを売る者，それを仕掛けるエンジニアと役割がそれぞれ分業化され，そして彼らが金銭的利益を目的に組織化し攻撃してくる時代が始まった。これはより高度化し現在に続いている。また，2010 年より，国家間のサイバー戦などもはじまり，攻撃の目標は多様化している。

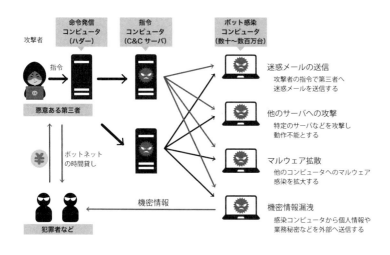

図 2.10　ボットウイルスの挙動
サイバークリーンセンター Web サイトより引用。

　ボットに感染したコンピュータは遠隔操作され，迷惑メールの送信をはじめ，様々な不正行為を実行する。それらへ指令を出す指令コンピュータを「C&C サーバ（Command and Control server）」という。「C2 サーバ」と記すこともある。これもボットに感染したものであることが多い。

　攻撃者が C&C サーバ向けへの操縦命令を出しているものが「命令発信コンピュータ」である。このコンピュータは「ハダー」とも呼ばれている。

2.2.2　マルウェアの種類

　マルウェアの種類を挙動から分類するとおおよそ表 2.3 のようになるであろう。この中でも，近年，トロイの木馬による攻撃が増加している [15]。遠隔操作のために必要なツールを，役立つツールと騙してインストールさせる手口が主流となってきていることの現れである。パスワードクラッカーなどの攻撃ツールや利用者に不要な広告を表示させるアドウェアなどは感染はしないが，ユーザに不利益をもたらすよう悪意をもってつくられている。それもあって，ウイルスではなくマルウェアと呼ばれ始めたことからマルウェアとみなし，駆除の対象となっている。

　ここでボットウイルスの挙動を図 2.10 にあげておく。攻撃者の指令で様々な動きをする，いわゆる遠隔操作が可能な PC の集まりである。そして，このネットワークは他の攻撃者にレンタルされる場合も多々ある。

15）"Microsoft Security Intelligence Report Volume 23"（2017），p.43 より。
https://www.microsoft.com/en-us/security/business/security-intelligence-report

2.2.3　マルウェアの感染経路

　データのやり取りがあるところ，マルウェアに関する可能性はある。その主なものをあげる。

　a. ネットワークへの接続（ネットワーク感染型）

　b. Web サイトの閲覧（Web 閲覧感染型）

　c. メールに添付された書類（メール添付感染型）

　d. Web サイトからダウンロードしたファイル(Web 誘導感染型)

　e. USB メモリなどの外部メモリ（外部記録媒体感染型）

脆弱な PC であればネットワークケーブルを差し込んで数秒で感染するという報告もある。知人に USB メモリを貸したらマルウェア付きで帰ってきたということもある。偽装されたメールに添付されていたファイルや，メールで誘導された偽装 Web サイトからダウロードしたファイルに，マルウェアが仕込まれていたというのは，よく目にする。メールや Web の偽装を見破ることができない場合はかなり危ない。また，正規の Web サイトが改ざん[16]されており，知らず知らずにそこからマルウェアをダウンロードしてしまうという例もある。この手法は「ドライブバイダウンロード」と呼ばれている。その手法を図 2.11 で示す。

正規の Web サイトを，そこにアクセスしてきたコンピュータを別の Web サイトへ気がつかれないように転送（リダレクト）するよう改ざんする。そして，標的のコンピュータの脆弱性を利用し，マルウェアをダウンロードさせるという攻撃方法である。改ざんされたのが信頼あるサイトであること，そのサイトがマルウェアを配布している訳ではないこと，改ざんされたのがテキストであることからマルウェア検知が難しく被害が広がった。また，ターゲットになったサイトの本体ではなく，片隅にでる広告バナーが改ざんされていることもある。攻撃者は常に管理が弱いところを見つけ攻めてくる。

2.2.4　マルウェアによる主な被害

マルウェアの被害としては，次のようなものがある。

①データや設定を改ざんする
②機器を使用不能にする
　　» データを消去または暗号化する
　　» ハードを破壊する

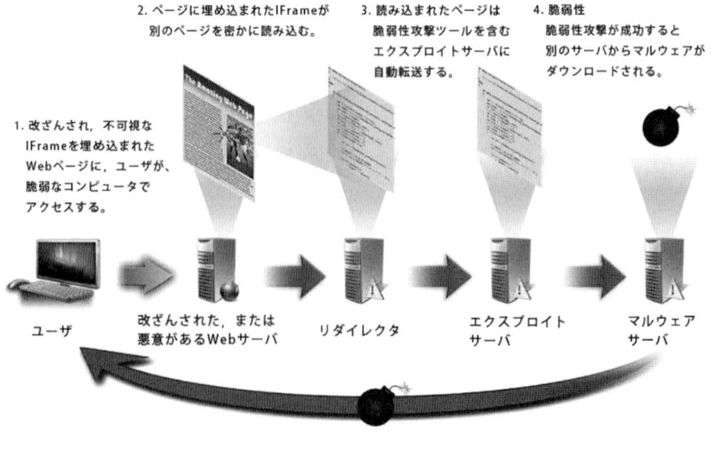

16）インターネットのニュースサイトや情報ポータルサイトなど，多くの人が日に 1 回は閲覧するようなサイトが狙われる。オアシスをイメージして「水飲み場攻撃」ともいう。

図 2.11　ドライブバイダウンロードの例

"Micorosoft Intelligence Report Volume 19 " 2015, p.106 より引用し加筆した。
https://download.microsoft.com/download/4/4/C/44CDEF0E-7924-4787-A56A-16261691ACE3/Microsoft_Security_Intelligence_Report_Volume_19_English.pdf

2. ページに埋め込まれたIFrameが別のページを密かに読み込む。

3. 読み込まれたページは脆弱性攻撃ツールを含むエクスプロイトサーバに自動転送する。

4. 脆弱性
脆弱性攻撃が成功すると別のサーバからマルウェアがダウンロードされる。

1. 改ざんされ，不可視なIFrameを埋め込まれたWebページに，ユーザが，脆弱なコンピュータでアクセスする。

ユーザ　　改ざんされた，または悪意があるWebサーバ　　リダイレクタ　　エクスプロイトサーバ　　マルウェアサーバ

③他のコンピュータへの攻撃に利用される

    » 迷惑メールを送信する

    » 他の Web サイトへ DoS 攻撃

④情報を不正に取得し外部へ送信する（情報漏えい）

⑤マルウェアを拡散する

⑥ PC への侵入や不正利用を手助けする

　①の例として，コンピュータ内のファイルをイカやタコの映像に書き換えていく「イカタコウイルス」（2010）や，宅配アプリに似せたもので，感染すると勝手にスマートフォン決済をしてしまうものなど多種多様である。

　②の例として，2013 年に韓国で起こったサイバーテロがあげられる。これは，韓国の放送局や金融機関のコンピュータがターゲットになり，ハードディスクのデータがマスターブートレコード(MBR) まで，マルウェアの攻撃により次々と消去上書きされ，起動できない状態となったものである。また，2017 年よりコンピュータのハードディスクを勝手に暗号化しその解除キーを購入するよう求めるマルウェア「ランサムウェア（身代金ウイルス）」が登場し（**図 2.12**），日本でも大手企業が被害にあった。このマルウェアは OS などの脆弱性を突いてくるもので，アップデートで感染は免れることができるが，次々と新たな種類がでてきて問題となっている。中には，身代金を支払わなければ暗号化した機密情報を公開すると恐喝するものもある。2021 年には，アメリカの石油パイプラインを制御するコンピュータがこのマルウェアの被害に遭い，社会インフラに影響を与えるのではないかと危惧された事件もあった。このマルウェアがコンピュータ全体を暗号化するには管理者権限が必要で

図 2.12　ランサムウェア WanaCry に感染し，ハードディスクが暗号でロックされたコンピュータの画面
　タイマーがゼロになるまでに 300 ドル電子マネーで支払うようにとある。電子マネーでの支払い方についての詳しいマニュアルも用意されている。
　ITmedia「メールの添付ファイルに注意　ランサムウェア「Wanna Cryptor」に IPA も注意喚起」より引用。https://www.itmedia.co.jp/enterprise/articles/1705/15/news053.html

17） ランサムウェア MISCHA の感染デモが下記で公開されている。
仮装体験デモ (3)MISCHA
http://www.hitachi.co.jp/hirt/ publications/hirt-pub17004/ hirt-pub17004_mischa.html
管理者権限でランサムウェアをクリックした場合，コンピュータ全体が暗号化されロックしてしまうが，一般ユーザ権限でクリックした場合はそのユーザの領域だけが暗号化される様子がわかる。

18） Stuxnet の詳細については下記を参照。
http://www.nca.gr.jp/2010/ stuxnet/
当時イランと緊張関係にあった国とその背後にいる国の仕業であったのではないかとされている。のちに米国がこれに関わっているという報道があった。

19） EMOTET は，2021 年 1 月 27 日,オランダ, ドイツ, アメリカ, イギリス, フランス, リトアニア, カナダ, ウクライナの共同作戦によって，指令サーバが破壊され無害化となった。その後同年 4 月 25 日 12 時に自らをアンインストールする操作によって EMOTET による攻撃は終わった。しかし，EMOTET が感染させた別のマルウェアは依然として不正活動を行っている。また，EMOTET によって個人情報が漏えいした事実を知らない被害者もいる。これらへどう対応するかが課題として残る。

20） 2006 年頃ファイル交換ソフト Winny で感染が広がった「山田オルタナティブ」は，PC のハードディスクの中身を Web サーバとして公開した。そのサーバの URL はマルウェアが 2 ちゃんねるなどの掲示板に書き込んでいた。当時，2 ちゃんねるをみたユーザの一部が，公開されたハードディスクから写真などを収集しネットに公開することで社会問題となった。

ある [17]。常日頃から管理者権限ではなくユーザ権限で使用することも対策となる。

このようにデータを改ざんし破壊するものとは別に，ハードウェアを破壊するものもある。例えば，Stuxnet（2010）[18] は，イランの原子力発電所の核燃料製造用の遠心分離機を制御するコンピュータにマルウェアを仕掛け，遠心分離機に負荷をかけ破壊するというものである。

③の迷惑メールを送信する例として，ボットウイルス（**図 2.10**）がある。攻撃者からの指令によって,迷惑メールを作成し送信する。2019 年に猛威をふるった EMOTET [19] はまさにこのタイプのマルウェアであった。また，感染 PC 内の過去のメールのやり取りを読み取り，実在する相手の氏名，メールアドレス，メールの内容などの一部を流用し，あたかもその相手からの返信メールであるかのように見える攻撃メールを送る。実際のメールを引用につけるので情報流出の面もあった。さらに，EMOTET は，送信する迷惑メールにはマルウェアが添付しており，⑤のマルウェアを拡散する機能ももっていた。

図 2.10 に示したように，マルウェアは，他のコンピュータに対してサービス停止攻撃をしかける場合もある。感染コンピュータが複数あれば，多くの箇所から攻撃が行われる。これは「分散型サービス停止攻撃（DDoS 攻撃，Distributed Denial of Service attack）」という。遠隔操作などで感染 PC を操り，ネットワークに分散している複数のコンピュータが特定のサーバへ大量のパケットを一斉に送出し，機能を停止させてしまう攻撃である。マルウェアに感染するのはコンピュータだけではない。2016 年，ジャーナリストの Brian Krebs 氏のサイトが 620Gbps の DDoS 攻撃を受けた。このとき，彼のサイトを襲ったのは管理されていない Web カメラやルータなどであった。パソコンだけがマルウェアに感染するわけではない。身の回りの IoT 機器にも気を配る必要がある。

④の情報漏えいの例で有名なものとして，キーロガーがある。これは,キーボードの入力データを記録し外部へ送信するものである。最近では，宅配アプリを装い，スマホの電話帳データを外部へ送信するものもある [20]。2015 年，日本年金機構より 125 万件の個人情報が流出した。これは先にあげたボットウイルスによるものとわかっている。このマルウェアは，システム内部に入り込み物色した上で,必要な情報を選び出し外部へ送信する。これまでのものとは，比べ物にならないほど進化している。

最後に⑥ PC への侵入や不正利用を手助けするものとして，トロイの木馬がある。このマルウェアは，有用なアプリを装ってシステム内に入り込み不正行為を行うもので，古くは，携帯電話の消費電力を制御しバッテリーを長持ちさせるとうたいながら，実はユーザがどのような操作をしたかなどを収集するものがある（**図 2.13**）。最近では，その不正行為が多種多様となってきている。その類型を**表** 2.4 にまとめた。

図 2.13　携帯電話用トロイの木馬
　左側がアプリのメイン画面。携帯電話の消費電力を節約できるとうたっていながら，ユーザの様々な利用履歴など，電力節約とは無関係な情報へのアクセスを求めている。

トロイの木馬の類型	特徴
バックドア型	管理者に気がつかれないようにポートを開き，攻撃者が遠隔操作できるようにする。RAT とも呼ばれる。
パスワード摂取型	パスワードや設定情報を検索し外部に送信する。
ダウンローダー型	悪意あるサーバから不正プログラムをダウンロードしようとする。ダウンロードが成功するとそれらを次々と実行していく。広告を表示させる場合もある。
クリッカー型	特定のサイトに勝手にアクセスしようとする。
ドロッパー型	あるタイミングで不正コードを「投下（ドロップ）」する。不正コードは暗号化されていたり，破壊活動をする実行ファイルではないことから，ウイルス対策ソフトでは検知されにくい。
プロキシ型	ネットワーク設定を変え，他のコンピュータへの攻撃の踏み台とする。

表 2.4　トロイの木馬の種類
　不正行為によって，分類されている。

2.2.5 日本年金機構への攻撃

　トロイの木馬が大きな役割を演じたものとして，日本年金機構からの機密情報漏えい事件がある。この事件がどのように引き起こされたのかを時系列に整理してみよう[21]。

21）ここからは下記資料をもとにまとめた。
「調査結果報告 - 日本年金機構（平成 27 年 8 月 20 日）」
https://www.nenkin.go.jp/info/index.files/kuUK4cuR6MEN2.pdf

①日本年金期機構では，年金加入者に関する情報は国の基幹データベースで次のように厳重に管理されていた。

　・基幹データベースを窓口で照会などに使用するには，専用のアプリケーションを使う必要があった。

　・データベースにアクセスするには生体認証システムを通過する必要があった。

　・データベースの情報は閲覧だけが許されており，外部に保存することはできなかった。

　この状態で使用すれば，個人情報は外部から切り離されており，たとえマルウェアがシステムに侵入したとしても 150 万件の個人情報が流出することはなかったと思われる。しかし，このように利用者を厳しく制限するシステムがゆえ利便性に欠けることから，管理者の誰かがデータを基幹システムから機構内のネットワーク内の共有フォルダへ複製したようだ。このネットワークは外部のインターネットにも接続していた。

②攻撃者は，偽装メール「医療費通知のお知らせ」を日本年金機構へ送りつける。そこには「議事録」の ZIP ファイルが添付されていた。この圧縮ファイルには，Word にアイコン偽装された実行ファイル「医療費通知のお知らせ.exe」が含まれていた。これが「トロイの木馬」ドロッパーである。

③年金機構の担当者が，このドロッパーをクリックすると，Word ファイル「kenpo.doc」とトロイの木馬である「vmmat.exe」が被害者の PC に投下される。前者は，「健康保険組合運営事務局です」のような内容の Word ファイルでダミーである。後者がトロイの木馬のうち Emdivi（Backdoor.Emdivi）と呼ばれる RAT であり，前者のダミーファイルが開かれると同時に起動する。

④Emdivi は指令コンピュータ（C&C サーバ）に接続し指示を受ける活動を始める。

⑤年金機構内のネットワークを自由に動き回るため，下記の情報を取得するようなコンポーネントをダウンロード / インストールする。

図2.14　日本年金機構に送られた偽装メール
　被害者が不自然に思わない送信者名や本文そして添付ファイル名となっている。添付ファイルにトロイの木馬が仕掛けられていた。
　日経新聞「一連のサイバー攻撃に新証拠　中国系組織が関与か」より引用。
https://www.nikkei.com/article/DGXMZO88449660U5A620C1000000/?df=

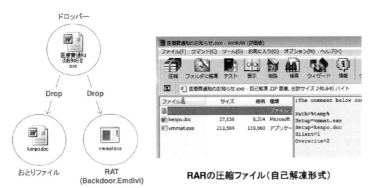

RARの圧縮ファイル（自己解凍形式）

図2.15　日本年金機構に送りつけられたドロッパー
　ドロッパーは，自己解凍形式の圧縮ファイルであった。その中にはRATと呼ばれるトロイの木馬が仕込まれていた。RATの存在を意識させないため，ダミーのWordファイルも含まれていた。
　政本憲蔵「日本を襲った大規模な攻撃活動の実態〜Backdoor.Emdiviによるサイバースパイ活動〜」より引用。
https://www.nic.ad.jp/ja/materials/iw/2015/proceedings/s4/s4-masamoto-20151125.pdf

・ブラウザが ID とパスワードなどを取得する（mimikatz.exe）

・メール関連のデータを盗み取る（mail_noArgv_final.exe）

・Windows のドメイン名，ログイン名やパスワードを盗み取る（msver.exe）

・脆弱性がある Windows サーバを乗っ取る（ms14-068.exe）

　この時点で，150万件の個人情報を保存した共有フォルダがあるネットワークは掌握された状態になる。

⑥日本年金機構のシステム内部を調査し価値がある情報がないかを調査する。

⑦重要な情報を発見すると，犯罪行為が発見されないようそれを細かく分割し外部へ送信する[22]。

⑧必要な際にいつでも侵入できるような仕掛けをし，継続的に不正活動を続ける。

この事件には，情報セキュリティ対策上重要な点がある。

・どのように高度なセキュリティ対策システムであっても，使い勝手が悪いものは，誰かが悪意なく抜け道をつくるものである。

22）150万件の個人情報は，細分化され第三者のサーバに一時的に保管され，その後攻撃者の下へ送られる。この一時保管のサーバも，ボットによって遠隔操作されているものだった。

今回は，個人情報をインターネットに接続した共有フォルダに置いたことがそれにあたる。その結果防御力が弱まり大量の個人情報の漏えいにつながった。システムがどれほど安全であったとしても，それが正しく使われなければ意味がない。使う立場，使いやすさにも配慮したシステム設計が必要であろう。

- 一連経緯から，標的型メール攻撃が使用された。②で使用されたメール（**図 2.14**）は，**図 2.9** で示した一連の攻撃のうち「3. 初期潜入段階」にあたる。その後の動きをみても，③④⑤で「4. 基盤構築」がなされ，⑥の「5. 内部侵入・調査段階」を経て，⑦「6. 目的遂行段階」として重要情報を外部へ送信，⑧「7. 再侵入」の仕掛けつくりと一致している。この攻撃への対策は難しい。偽装メールを見破る，怪しい添付ファイルをフィルタリングすることも大切であるが，それを完全に行うことは難しいだろう。このような入り口での対策だけではなく，個人情報が流出した際にはそれを検知する，重要な情報は暗号化しておくなどの出口での対策にも注意を払う必要がある。

2.2.6　マルウェア対策

一般的なマルウェア対策として次のものがよく知られている。

① OS やアプリケーションを最新のものにする。
②セキュリティ対策ソフトを導入して正しく運用する。
③ファイアウォールを有効にする。

マルウェアが脆弱性を悪用しシステムを不正に利用しようとしている。その脆弱性は，開発元がアップデートやバージョンアップをすることで解消することが多い。よって，①が示すようになるべく最新版のソフトウェアを使用した方がよい。

②のセキュリティ対策ソフトは，あらかじめマルウェアが登録されているリストと照合し，マルウェアを検知し隔離するものである。ただ，日本年金機構の漏えい事件のように，そのリストに登録されていないものは通過させてしまい感染してしまう。未知のマルウェアもあることから，この対策は完全とは言えない。

③のファイアウォールは，コンピュータと外部との通信を制限する機能である。マルウェアを直接捕まえるというよりも，ボットと外部との通信を遮断したり，外部からの不正侵入を防ぐ役割である。これら3つを複合的に働かせることで，マルウェアの感染や不正活動を防ごうとしているのである。ただし，昨今の攻撃は高度化して

おり，これらだけでは十分に感染を防ぎ切れないことがわかってき
ており，新たな技術が導入されている。これについては，後に詳し
く説明する。

　対策は技術的なものだけではない。法律も整備されてきた。
2011年，不正指令電磁的記録に関する罪が制定され，正当な理由
なく，マルウェアを作成，提供，実行，取得，保管することが禁じ
られた。これについても後ほど詳しく説明する。

▸▸▸ 2.3　インターネットへの攻撃

　ここからはインターネットへの攻撃を TCP/IP の各層に分けて解
説する。

2.3.1　ネットワークについての基礎知識

　インターネットへの攻撃を解説する際に必要となるネットワーク
についての基礎知識をまとめておく。

■ OSI 参照モデルと TCP/IP

　インターネットとは，情報を相手に正しく送るための共通ルール
である TCP/IP [23] を用いて，世界中のコンピュータネットワークを
相互につないだものである。TCP/IP は**表 2.5** のような 4 層からで
きている通信規約である。通信規約とは情報を相手に正しく送るた
めのルールのことでプロトコル（protocol）ともいう。TCP/IP は，
通信を 4 層にわけ，その各層に共通のプロトコルを実装することで

23）TCP/IP
Transmission Control
Protocol（TCP）と Internet
Protocol（IP）との 2 つの通
信規約（プロトコル）からで
きている。TCP は情報を相
手に渡す方法を，IP は情報
を誰に渡すかを定めたもので
ある。

表 2.5　TCP/IP の階層

TCP/IP	OSI 参照モデル	通信規約の概念	主な TCP/IP プロトコル
アプリケーション層	アプリケーション層	どのような通信サービスを使うか，どのような通信データの形式か	HTTP，FTP，SMTP，POP，IMAP，DNS，Telnet，SIP
	プレゼンテーション層	どのようなデータ表現方法（文字コードや圧縮方式）か	
	セッション層	通信サービスの通信開始から終了まで，どのような手順（対話のモード）か	
トランスポート層	トランスポート層	相手（アプリ）をどう識別するか，データが正確に届いたかをどう確認するか	TCP，UDP
インターネット層	ネットワーク層	離れた装置への適切な接続を確保するにはどうするか（経路制御・輻湊制御）	IP，ARP，RARP，ICMP
ネットワークインターフェイス層	データリンク層	隣接ノードへ接続をどう確保するか（エラー制御を含む）	PPP，802.3 (Ethernet)，802.11a/b/g/n，FDDI，Token-ring
	物理層		

コンピュータ同士のデータの送受信を可能にするもので，1974年につくられた。一方，OSI（Open Systems Interconnection）参照モデルは，特定のベンダーに依存することなく異機種間での相互通信を実現させるにはどのようなプロトコルが必要かという観点で1977年より開発が始まった。両者の関係は，TCP/IPが実践的な規約，OSI参照モデルはその理論的概念と考えてよい。1990年代になると，TCP/IPを実装した製品が多数リリースされるようになる。

ここで，TCP/IPの各層がインターネット間での通信をどのように実現しているかを補足しよう。まず，ネットワークインターフェイス層では，隣のコンピュータ（ノード）へデータを渡すために，どのようなケーブルで隣へ電流を流すか，データはどういう形式にまとめどうやり取りするか，そもそも隣接するコンピュータが複数ある場合それらをどう区別するかなどを決定する。ここで隣を区別するためにつけられたものがMACアドレスである。

これで，隣へデータを正確に渡せるようになれば，隣から隣へそしてさらに隣へと遠くにデータを渡すことができる。その際，最終的な送信先と送信元をどう表現するか，複数のノード間を移動する際にデータが迷子にならないように適切なルートをどう決め，それをどう共有するかを決める必要もある。それらの方法を決めているのがインターネット層である。ここで，最終的な送信先と送信元はIPアドレスで表現される。

さて，データが最終目的地に到着し，そのデータをアプリケーションに渡す段になると，このデータがWebサーバ宛なのかメールサーバ宛なのか区別できなければ困る。そこで，データにはあらかじめアプリケーション識別番号を書くこととする。それがポート番号である。その番号に従いデータは目的のアプリケーションへ渡される。また，その過程でデータが正しく到着しているのかを確かめる必要もある。もし途中で抜け落ちたときはどうするかも決めておかなければならない。これら2点を管理するのがトランスポート層である。

以上の流れで，データが目的のアプリケーション層に届く。アプリケーションによって扱うデータの種類も形式も扱い方も違う。アプリケーション層では，アプリケーションごとにデータがどのような形式なのかを決めておいたり，どのようなサービスがどのような手順で利用可能なのか決めておく。このようにTCP/IPでは，通信を4つの層に分解し，それぞれの層で規約をもうけ，それに従う限り，メーカーや機種に依存せずに通信ができるようになっている。

■カプセル化

TCP/IPにおいてデータはどのように扱われるのかを説明する。Webサーバ（www.eparts-jp.org）へ閲覧リクエストを出す場合を例としよう（**図2.16**）。

①ユーザによって，http://www.eparts-jp.org がブラウザに打ち込まれたとする。これが，アプリケーション層のデータとなる。このデータが1つ下のTCP層へ渡されるとき，http:// [24] から，このデータが相手のWebサーバへ渡されることがわかり，そのポート番号80がヘッダ情報として追加される。

②このデータがインターネット層に渡されると，www.eparts-jp.org にあたるIPアドレスがトランスポート層のデータにヘッダとして追加される [25]。

③ネットワークインターフェイス層では，自分が使用しているネットワークの情報がヘッダとして追加される。イーサネットの場合はMACアドレスがヘッダ情報として付加される。もし同じネットワーク内にIPアドレスに該当する機器がない場合

24）もしhttps://であった場合は，暗号化通信を行うWebサーバへデータが渡される。そのときのポート番号は443である。

25）IPパケットとフレーム
インターネット層のデータを「IPパケット」と呼ぶ。これに対してネットワークインターフェイス層のデータを「フレーム」と呼ぶ。

図2.16　TCP/IPのカプセル化

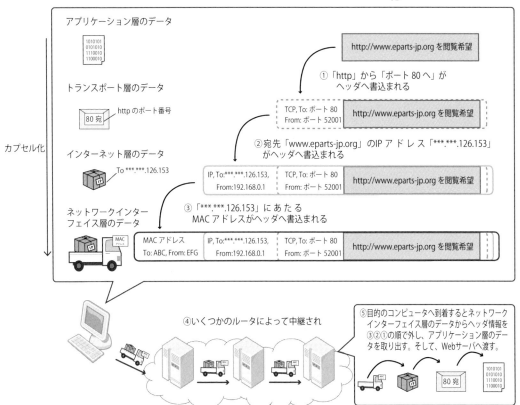

は，To には LAN の外へ向かう出口の MAC アドレスが指定される。③の段階で適切な経路へと送られる。

④この後，データは外の世界であるインターネットへ飛び出していく。そこからは，いくつかのネットワークを通過していくが，その度ごとにネットワークインターフェイス層からインターネット層のデータを取り出し，そこにある IP アドレスを見て転送先を決定する。そして転送先に合わせて，データリンク層ヘッダ情報を新たに付け替えた後，適切なネットワークへと転送される。ここでは仕組みは「経路判断」と呼ばれるもので，主にインターネット上のルータで行われている。

⑤目的とするネットワークのコンピュータに到着したら，先とは逆の順番③②①とヘッダ情報を取り外しアプリケーション層のデータを入手する。そして，Web サーバへデータが渡される。

インターネット上での情報の送受信は，上の①〜⑤の繰り返しとなる。このヘッダの追加の過程を「カプセル化」と呼ぶことがある。一見するとアプリケーション層のデータは外から見えないように密閉されるように思えるが，実際には，ただヘッダとフッタが前後に追加されるだけである。何の処理もしなければ，アプリケーション層のデータは読める状態にある。また，パケットは目的のコンピュータに到着するまで複数のコンピュータ（ルータ）を通過する[26]。これらのことから，暗号化を行わない場合は途中で通信内容を読み取られたり改ざんされる可能性がある。また，パケットを転送するルータが正しい経路情報を共有しない場合はパケットは遅延するか行方不明になってしまう可能性がある。インターネットがもっているこれらの脆弱性は，現在ではいくつかの方法で解消されている。これについては後にふれる。

■セッションとコネクション

セッションとは，会話を意味し，特定の相手との通信の開始から終了までをいう。例えば，Web ブラウザであるサイト（Web サーバ）を閲覧してブラウザを閉じるまでがセッションになる。セッションができるとアプリケーションがデータ転送可能な状態となる。一方，コネクションとは，セッションにおいてデータ転送のための論理な通信路のことをいう。ここで「論理的」というのは，リアルな通信路を複数またぐのが通常だからである。（**図 2.17**）。

同じセッション中に，複数回データのやり取りをするのが通常である。例えばショッピングサイトにアクセスした場合，そこでの一

26）パケットが目的地に到着する前に，様々なコンピュータを通過していくことは，tracert コマンド（Windows），または traceroute コマンド（Mac，Linux）で確かめることができる。
　用法は「tracert（www.****.co.jp などのドメイン名）」，traceroute も同じ。

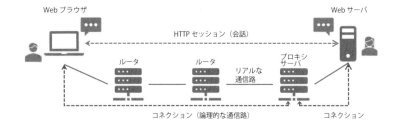

図 2.17　セッションとコネクション
　セッションは，表 2.5 の OSI 参照モデルのセッション層の機能である。一方，コネクションは，通常トランスポート層の TCP での TCP コネクションを示すことが多い。また，セッションは，複数のコネクションによって成立する場合もあり，コネクションはセッションによって管理される。

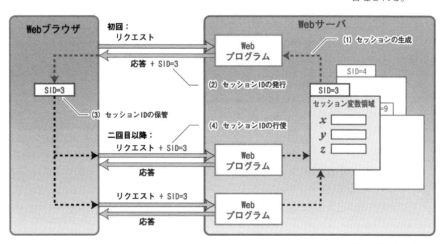

図 2.18　セッション ID
　同じセッションの通信であることを判断したり，セッション同士を区別するために，最初に閲覧リクエストがあった場合にサーバからブラウザへ発行される。
https://thinkit.co.jp/free/tech/7/4/1.html より引用。

連のやり取りが同じセッションのものであること，すなわち同じ人が購入しようとしていることを Web サイト側が理解しておいた方が，何度もログインする必要がないなど便利である。そこで，Web サイト側では，ブラウザから最初にリクエストがあった際に，ある固有のデータからなるセッション ID をブラウザ側に向けて発行する。そして，次にブラウザが 2 回目のリクエストをサーバ側に送るときに一緒にセッション ID も送る。サーバはこれを受けて，そのリクエストがどのセッションのものかを判断し適切に応答する。例えば，まだログインされていないならば認証画面を表示するなどである。

　ただ，ここにも脆弱性がある。もし正規のユーザがログインした後でセッション ID を横取りされたら，ユーザ認証後のセッションが乗っ取られてしまう。この攻撃は「HTTP セッションハイジャック」と呼ばれている。そこで，今では，セッション ID を類推されないものにしたり，また盗まれないよう Cookie を利用したりするなどの対策が取られている。

■ TCP コネクション

　コネクションは，セッションを成立させるための論理的な通信路

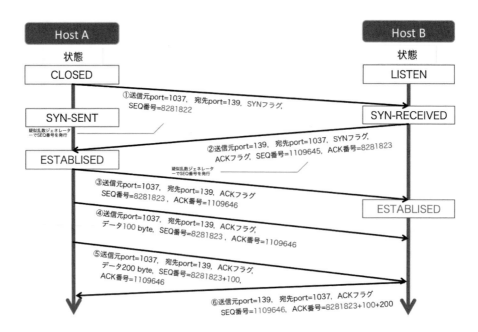

図 2.19　TCP コネクション
①②でお互いを確認しコネクションを確立する。その後，③④⑤とデータを送り，⑥でデータ量の確認の応答がある。

と説明した。その中でも，TCP コネクションは，通信相手を確認して，誤り制御の機能などをもった信頼できる通信回路である。その様子を，TCP コネクションを確立する手順である 3 ウェイ・シェイクハンドで説明する（**図 2.19**）。

通信相手は，お互いが発行する SEQ 番号に 1 を加えたものを ACK 番号として返すことで確認される。それは，SEQ 番号を知らなければ正しい ACK 番号を返せないからである。①と②，②と③がそれにあたる。そして，B が受け取ったデータ量を，A は，B からの⑥の ACK 番号が③の SEQ 番号からいくら増えているかで確認できる。このように，いったんコネクションが確立すれば，それが実際にはどこどこのルータを通過したかを意識せずに，お互いに送受信ができる仕組みである。2 つのホストを結ぶ魔法のパイプのようなものである。

この TCP コネクションにも脆弱性があり，それを悪用し偽装 TCP コネクションを張ることが可能である。これについては後述する。

■ドメイン名

インターネット通信では，ドメインネーム，IP アドレス，MAC アドレスが使われる。ここでは，それぞれの意味と相互関係について簡単に説明する。

まず，WWW などのアプリケーションで提供されるリソース（情報）の所在は，http://www.eparts-jp.org/about/index.html のように

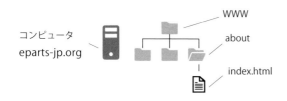

図 2.20　URL で使用される
ドメイン名

http://www.eparts-jp.org/about/index.html
①プロトコル　　　　　　　　　　　④フォルダ名　⑤ファイル名

③ホスト名　②ドメイン名

FQDN（Fully Qualified Domain Name）

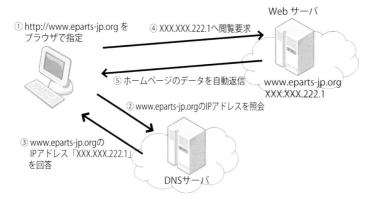

図 2.21　DNS
　ブラウザを使って Web
ページへアクセスする際，ブ
ラウザは DNS サーバへアク
セスし，ドメインネームに対
応する IP アドレスをまず照
会する。そしてその IP アド
レスへ接続要求を出す。
　実際にはもう少し複雑な仕
組みでドメインネームと IP
アドレスの変換を行ってい
る。ここでは，理解を早める
ため単純化して説明した。詳
しくは下記を参照。
JPNIC ドメイン名の仕組み
http://www.nic.ad.jp/ja/dom/
system.html

表現される。このような表記の仕方を URL（Uniform Resource
Locator）という。この文字列で表記されている内容を**図 2.20** で説
明する。

　①はホームページを閲覧するために，Hypertext Transfer Protocol
（HTTP）を用いることを表す。ここで HTTP は，Web ブラウザと
Web サーバの間で HTML などのコンテンツの送受信に用いられる
通信プロトコルである。②はコンピュータを識別するための名称で，
「ドメインネーム」「ドメイン名」と呼ばれる。③ www は「ホスト名」
と呼ばれるが，実際には Web サーバが公開しているフォルダ名で
あることが多い。③と②を合わせてドメイン名と呼ぶこともある。
②との混乱を防ぐため，③ + ②を FQDN「完全修飾ドメイン名」
と呼ぶ場合がある。②の中の一番右 [org] は「トップドメイン」と
呼ばれ，国や組織形態を表し，2 番目 [eparts-jp] は組織名を表す
ことが多い。その他④は www 内にあるフォルダ about を表し，⑤
index.html はその中のファイルを表す。

　これらドメイン名は，アルファベットや数字を用いて，人に理解
しやすいように書かれているが，パケットを運ぶルータはそれを理

27）DNS は電話帳

例えるならば、IP アドレスを電話番号とすると、ドメイン名は携帯電話などの電話帳に登録されている名前である。私たちは、携帯電話の電話帳から相手を指定することで番号が読み出されダイヤルされる。それと同じ働きをするのが、DNS である。

DNS にどのような情報が登録されているのか調べるコマンドとして nslookup がある。コマンドラインで「nslookup（ドメイン名）」と打ち込むと IP アドレスが返される。

28）グローバルアドレスとプライベートアドレス

グローバルアドレスは世界に唯一のもので、通常はプロバイダからユーザのパソコンやブロードバンドルータに自動的に割り振られる。これに対して、プライベートアドレスは、家庭や企業内 LAN など、外部から直接接続できないネットワークなどで自由に設定し使えるものでブロードバンドルータの DHCP（Dynamic Host Configuration Protocol）サーバ機能によって自動的に割り当てられる。

**29）ネットワークアドレスとブロードキャスト，ローカ
ル・ループバック・アドレス**

ネットワークアドレスは、「192.168.1.0/24」のような書き方をする。「/24」は左から 24 ビットまで，すなわち「192.168.1.*」がネットワークを表し，* 部分に入る 1~254 がそのネットワーク内にあるコンピュータに割り振られる。192.168.1.255/24 はブロードキャスト（放送）としてネットワーク内のすべてのコンピュータに届くアドレスである。また，自分自身を示す（ローカル・ループバック・アドレス）として「127.0.0.1」がある。

解できない。そこで、このドメイン名と IP アドレスを対応づけ変換する仕組みがある。それが DNS，「ドメインネームシステム（Domain Name System）」であり、このシステムを提供しているのが、DNS サーバである。その仕組みを**図 2.21** で示す[27]。

ここにもインターネットの脆弱性がある。もし DNS サーバの登録内容が攻撃者の手によって書き換えられたらどうなるだろう。私たちが正しい URL を打ち込んだにもかかわらず、フィッシングサイトなどへ誘導されてしまう。また、DNS サーバが停止したら、私たちはインターネットで何もできなくなる。そう考えると DNS が非常に重要な役割を果たしており、十分に管理されなければならないことがわかる。

■ IP アドレス（Internet Protocol Address）

ネットワーク上のパソコンやプリンタ、ルータなどの機器を識別するために、通信装置に割り振られる番号で、32 ビット長と 128 ビット長の 2 種類がある。前者は IPv4（Internet Protocol version 4）の規格によるもので、通常 0 から 255 までの数字（8 ビット）が 4 つ、「．（ピリオド）」で区切られた「192.168.1.1」のような形で表現される。IPv4 による IP アドレスは、コンピュータの普及によって枯渇し、IPv4 の 4 倍の長さの IPv6（Internet Protocol version 6）も同時に使われている。IPv6 のアドレスは、16 ビットごとに「：（コロン）」で区切られた「2001:db8:0:0:1:0:0:1」のような形で表現される。

IP アドレスには「グローバルアドレス」と「プライベートアドレス[28]」、「ネットワークアドレス」「ブロードキャストアドレス」「ローカル・ループバック・アドレス[29]」などいくつかの種類がある。

インターネットで通信を行うため、パケットには発信元と送信先の情報として IP アドレスが記されている。パケットは、目的のコンピュータへは直接送られず、いくつかのコンピュータ（ルータ）を経由する。その際、ルータは、そのパケットの適切な経路を判断し、次のルータへ転送する。その仕組みを**図 2.22** にあげた。

今、左上のパソコン 10.1.1.1/24 よりパケットを 10.1.4.1/24 宛へ送信するとしよう。まず、この送信先のネットワークアドレス 10.1.4.0/24 が算出される。パソコンの中で同じネットワーク内に送信相手がいるならば直接渡せばよいが、そうではない場合、あらかじめ決めておいた Default GateWay10.1.1.254/24 にパケットを渡す。Default GateWay はルータ R1 がもっている複数の通信路 I/F

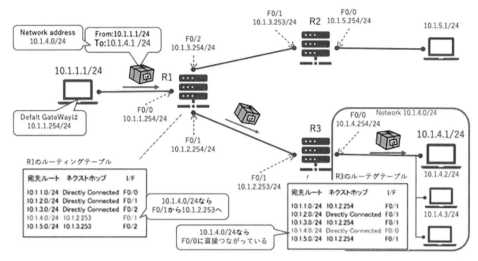

図2.22　IPパケットの転送とルーティングテーブル

の1つである。ルータ R1 は，パケットの送信先のネットワークアドレス 10.1.4.0/24 を R1 がもっているルーティングテーブル[30] に照らし合わせて，次の転送先であるネクストホップ 10.1.2.253/24 へ装置 F0/1 から転送する。パケットを受け取ったルータ R3 は，そのパケットのネットワークアドレスを，R3 のルーティングテーブルを参照しネクストポップへ転送する。ここでは，R3 に F0/0 で直接つながっているネットワークに渡す。これで，パソコン 10.1.1.1/24 から送信されたパケットは目的のネットワークに到着した。その後は，そのネットワーク内で配信される。

このように，パケットの転送においてルーティングテーブルは重要な役割をもっている。もし，ルーティングテーブル同士の整合性がなかったり，ルーティング情報が共有されていなかったり，または悪意をもって書き換えられていたら，パケットは別の場所に転送されたり，目的地になかなか届かないということが起こる。これを防ぐためすでにいくつかの対策が取られている。これについては後に述べる。

30）ルーティングテーブル
　ルーティングテーブルはパソコンでも次のコマンドで見ることができる。
route print（Windows）
netstat -rn（Mac, Linux）

■ MAC アドレス（Media Access Control address）

通信機器に製造時に割り振られた 48 bit アドレスで，通信規格イーサネットが使われている LAN などで通信機器を区別するために用いられている。その構成を図2.23 に示す。

同じネットワーク内では，お互いの通信は MAC アドレスを使い行われる。先の例で説明すると，ルータ R3 は，IP アドレスが 10.1.4.1/24 のコンピュータの MAC アドレスをパケットのヘッダにつけて，Network 10.1.4.0/24 の全コンピュータへ送信する。すると，

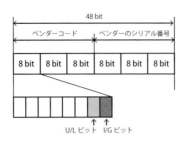

ベンダーコードのビットパタン

ビットパタン		種　類
U/L ビット	0	グローバルアドレス
	0	ローカルアドレス
I/G ビット	0	ユニキャスト通信
	1	マルチキャストまたはブロードキャスト
全48 ビット	1	ブロードキャスト　(ff:ff:ff:ff:ff)

図2.23　MAC アドレスの構成
https://www.infraexpert.com/study/ethernet4.htmly より引用。

　前半 24 bit は IEEE が管理するベンダーごとの固有のコード OUI (Organizationally Unique Identifier)。後半はシリアル番号を表す。OUI の場合は U/L ビットがグローバルアドレスを示す 0 になっている。U/L ビットが 1 の場合はユーザが自由に設定できるローカルアドレス。

　自分の PC の IP アドレスや MAC アドレスは次のコマンドで知ることができる。
ipconfig/all　（Windows）
ifconfig　（Mac, Linux）

表2.6　ドメイン名，IP アドレス，MAC アドレスの関係
　三者の関係は，IP アドレスを電話番号，ドメイン名は電話帳へのその番号の登録名，そして，MAC アドレスは，電話番号が書き込まれた SIM カードのシリアル番号とするとわかりやすい。

アドレスの種類	例	役　割	特　徴
ドメイン名	www.eparts-jp.org	人間がサーバの場所を識別するために利用する。	DNS よって IP アドレスと関連つけられる。
IP アドレス	172.28.126.153　192.168.0.1	ネットワーク機器やコンピュータがインターネット上の機器を識別するために利用する。	ARP によって MAC アドレスと関連つけられる。
MAC アドレス	00-1D-93-0D-71-2C	同じネットワーク内で通信機器がお互いを識別するために利用する。	製造時に割り振られた記号である。

MAC アドレスが一致するコンピュータのみがそのデータを受け取り，他のものは無視する。逆に言えば，他のコンピュータのデータも読もうと思えば読めるのである。そこで，スイッチ（Switch）という分配器を使い，データが他のコンピュータへ流れないようにしている。しかし，もしネットワーク機器が古い場合は，単に通信を分配するハブ（Hub）が使われていることがある。その場合は，自分のメールも相手に読まれてしまう。古い施設では確認が必要である。

　さて，ルータ R3 をはじめネットワーク内のコンピュータは，10.1.4.1/24 の MAC アドレスをどうやって知るのだろうか。それは，IP アドレスから MAC アドレスを引く機能[31] をコンピュータがもっているからである。それを ARP（Address Resolution Protocol）という。そして，いったん引かれた IP アドレスと MAC アドレスの対応情報は効率化のため，それぞれのコンピュータ内に ARP テーブルとしてキャッシュされる。もしこの ARP テーブルが改ざんされた場合はなりすましや情報漏えいの問題が生じる。

　MAC アドレスは，そのネットワーク機器の製造時に割り振られたものであると説明した。それゆえ，WiFi などで接続機器をフィルタリングする際に使用されている。

31）IP アドレスから MAC アドレスを引く際には，まず「10.1.4.1/24 を使っている人は誰？」とネットワークのコンピュータ全体へ向かってブロードキャストを使い，問い合わせする。すると，10.1.4.1/24 が MAC アドレスをユニキャストで回答する。
　その結果は，問い合わせたコンピュータにキャッシュされる。この ARP テーブルは「ARP-a」コマンドで表示させることができる。

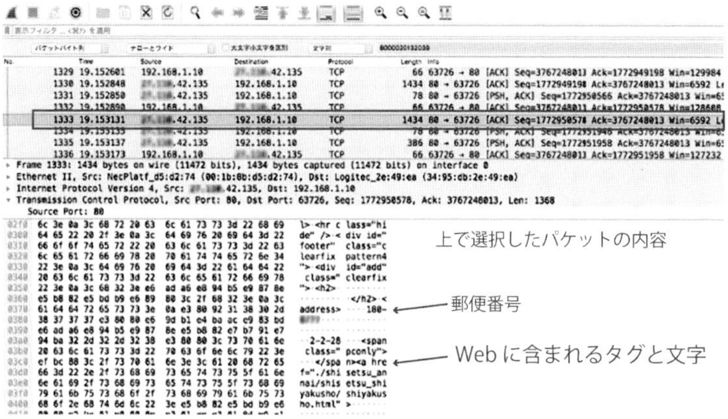

図 2.24　パケットモニタリング

上部の行が Web サイトとやり取りされていた Ethernet フレーム。選択すると，下部にその内容が表示される。

上で選択したパケットの内容

郵便番号

Web に含まれるタグと文字

■ドメイン名，IP アドレス，MAC アドレスの関係

　今まで，これら 3 種類のアドレスについて説明してきた。その関係を**表** 2.6 にまとめた。ここで留意すべきはコンピュータの識別は本来 IP アドレスでなされ，ドメイン名は人間の扱いやすさを考慮した補助的な機能とすれば，MAC アドレスは何のためにあるのだろうか。

　今使用しているネットワークカードが故障してしまい，新たなカードとの交換が必要となったとしよう。もし IP アドレスが，ネットワークカードの製造時に書き込まれており変更できないものであった場合，DNS を変更するなど面倒な手続きが必要となる。しかし，ネットワークカードに書き込まれているものが MAC アドレスであれば，新しいカードの MAC アドレスと今まで使用していた IP アドレスとひもづけるだけでよい。このように，アドレスは，人間の利便性，通信機器の交換などに柔軟に対応できるよう冗長性をもってつくられている。

2.3.2　ネットワークインターフェイス層にかかわる攻撃

■モニタリング

　パケットをキャプチャーするツールを使用すれば，その中身を簡単にみることができる。**図** 2.24 は Web サイトを閲覧した際のやり取りをキャプチャーしたものである。暗号化されていない Web であったことから，パケットデータに郵便番号や html タグを直接見ることができる。また，画像もバイナリで表示されているがデコードすれば読むことができる。

　Web を通じて，個人情報やクレジットカード情報を送信する際

には，URL が https 化されていることをまず確認する必要がある。また，メールに暗号化したファイルを添付し，その後別メールで鍵を送る行為は，攻撃者に長時間通信をキャプチャーされた場合は，暗号文とキーの双方が入手される可能性がある。鍵はあらかじめ決めておいたり，携帯電話のショートメッセージや FAX で送ることが推奨されている。

■無線 LAN

無線 LAN への脅威として，次のものがある。

①通信内容を傍受される

　データは電波でやり取りされる。その電波を第三者に盗聴される危険性がある。通信内容を暗号化することが必要である。

②ネットワークへの侵入をされる

　ネットワークへのアクセスを制限しないと，第三者にネットワーク内のデータや機器を不正に使用されてしまうことがある。

③無線 LAN の不正使用（他のコンピュータへの攻撃に使われる）

　攻撃者は無線 LAN を不正に利用し，そこを足がかりに他のコンピュータを攻撃する場合がある。被害を受けた側には不正使用された無線 LAN の記録が残り，攻撃者としてみなされることがある。

④アクセスポイントのなりすまし（Evil Twin 攻撃）

　本物の無線 LAN のアンテナとまったく同じものをたて，そこへ PC をアクセスさせ途中で情報を抜き取ったり，データを改ざんする。アンテナとインターネットのアクセスポイントとの中間で不正行為を行う「中間者攻撃」の１つである。通常通りにインターネットが利用できることから，被害に遭ったことにも気がつきにくい。

　①②③への有効な対策は，パスフレーズを設定し無線通信の暗号化を行うことである。その際，WPA2 や WPA3 などのできるだけ最新の暗号規格の無線 LAN 装置を準備し，AES のような堅固な暗号方式を選択，そしてなるべく長いパスフレーズを設定する[32]ことが望ましい。WEP のような旧式の暗号は脆弱性であり，攻撃方法も公開されていることから容易に破られる。WEP の利用は控えるべきである。

　④への対策は，アクセスする PC に対して，このアクセスポイントが正規のものだと示す必要がある。その方法として IEEE 802.1X

32）暗号通信以外に，MAC アドレスで利用端末を制限する方法もあるが，MAC アドレスは容易に変更できることから効果はそれほど高くない。また，無線アンテナをステルス化する方法もある。しかし，ステルス化しても専用ツールを使えば検知可能である。

① 無線 LAN アクセスポイントの
　証明書を提示

② 証明書を確認し
　正規のアクセスポイント
　であることを確認

IEEE 802.1X

デジタル証明書を使った
認証システム

❶ ID とパスワード

❷ 正規のクライアント
　であることを確認

図 2.25　IEEE 802.1X 認証
　LAN 接続時に使用する認証規格。アクセスポイント側が提示するデジタル証明書で，正規のアンテナであることを確認する。イメージとしては，学生証で正規の学生であることを証明するのに似ている。一方，クライアントのPC 側も無線 LAN 側に対してデジタル証明書を提示し，正規のクライアントであることを示す方法もある。しかし，そのためにはデジタル証明書を全員分用意しなければならず経費がかさむことから，クライアントの認証は ID とパスワードとしている場合が多い。

認証がある（**図 2.25**）。これは，無線 LAN 側が電子署名のなされた証明書を提示し，クライアント側の PC はその証明書が本物であればアクセスポイントが正規のものと判断する。これによって，アクセスポイントを偽装することは不可能となり，④ Evil Twin 攻撃への対策となる。電子署名と証明書の関係は後に説明する。

　無線 LAN が偽装されていない場合であっても，その管理が十分であるか不安がのこる。そのような場合の自衛策として次のものがある。

- URL で https などを確認し，サーバとの送受信が正しく暗号化されているかを確認する。
- 万一に備え，ソフトウェアのアップデート，セキュリティ対策ソフトの運用，ファイアウォールを確認する。
- VPN（Virtual Private Network）[33] を利用する。

■ MAC アドレスの偽装

　MAC アドレスは，ネットワークカードなどへ製造時に割り振られた 48 bit データであるが，**図 2.26** のツールを使用すれば簡単に偽装が可能である。LAN 内での通信は MAC アドレスのみが使用されるので，なりすましが可能となる。よって，WiFi などで MAC アドレスによる接続制限がよく用いられているが，実際にはあまり役に立たない。少なくとも，MAC アドレスだけに頼るフィルタリングは危険である。

33）インターネットなどに接続している利用者の間に仮想的なトンネルを構築し，プライベートなネットワークを拡張する技術である。ここでトンネルとは，拠点と拠点をつなぐ通路，外から中が見えない通路のことで，暗号化された通信の比喩である。無料で使用できる VPN サービスもある。例えば，
https://www.vpngate.net/ja/

図 2.26　MAC アドレスを変更するツール
左側は Windows 用の Thechnitium MAC，右は Mac 用の Mac spoofer。
　Thechnitium MAC では，プルダウンでベンダーと装置を選択できるようになっている。また，変更した履歴が保存されており，いつでも以前の設定に戻れるようになっている。

Thechnitium MAC（Windows）
https://technium.com/tmac/
Mac spoofer（Mac）
http://www.macspoofer.com/

2.3.3　インターネット層にかかわる攻撃

■経路制御情報の書き換え

　図 2.22 で示したように，パケットを目的地に届けるためには複数のルータを通過するが，その際にルーティングテーブルが重要な道しるべになる。そのルーティングテーブルの内容がルータごとにちぐはぐであったり，攻撃者によって改ざんされていれば，データがなかなか目的地に到着しなかったり，別のコンピュータへ届くというようなことが起こり得る。そのような事態が起こる一因は，ルータ同士で交換される経路情報の正しさを確認できないプロトコル BGP（Border Gateway Protocol）を利用しているところにある。そこで，経路情報の正しさを確認できる次のような仕組みが導入されている [34]。

34）詳細は下記参照。
BGP について
https://www.nic.ad.jp/ja/
newsletter/No35/0800.html
IRR について
https://www.nic.ad.jp/ja/
basics/terms/irr.html
BGPsec について
https://www.nic.ad.jp/ja/
basics/terms/bgpsec.html

- IRR (Internet Routing Registry)

　　BGP に記載されている経路情報やその優先性に関する情報，管理者が誰なのかなどを蓄積しているデータベース。BGP の管理台帳であり，今ここにある経路情報が正しいかどうかを判断できる。

- BGPsec (Border Gateway Protocol Security)

　　電子署名技術を利用し，経路情報 の正当性を検証できる仕組み。攻撃者による改ざんを検知できる。

その他にも，VPN トンネルを使い BGP を交換する仕組みもある。

■ IP パケットの改ざん

　IP パケットもツールを使用することで改ざんすることが可能である [35]。特定の IP アドレスからの接続を許すフィルタリングを回避したり，他のコンピュータへの攻撃に利用される場合がある。それを IP スプーフィング（IP Spoofing）という。

35）ここでは個別に紹介はしないが，Ostinato, Colasoft Packet Builder, tcpreplay, Scapy などがある。

　例えば，**図** 2.27 に示す smurf 攻撃のように，ping の ICMP パケットの送信元をターゲット 192.168.85.100 に改ざんしネットワーク全体に送れば，ネットワーク内のコンピュータはターゲットに echo パケットを返信する。規模によっては，サービス停止攻撃となる。これへの対策は，ルータを，ブロードキャストアドレスに向けられたパケットを転送しないように設定したり，ネットワーク全体を ICMP に反応しないように設定するなどがあるが，改ざんを検知し不正行為を止めるという根本的な対策にはならない。IP スプーフィングは，smurf 攻撃だけではない。ルータになりすまし，ルーティングテーブル情報を改ざんすることが考えられる。そこで，IP

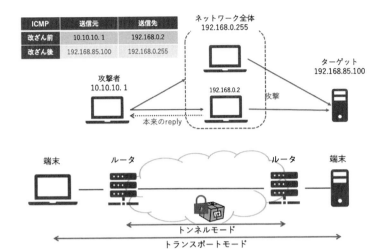

ICMP	送信元	送信先
改ざん前	10.10.10.1	192.168.0.2
改ざん後	192.168.85.100	192.168.0.255

ネットワーク全体
192.168.0.255

ターゲット
192.168.85.100

攻撃者
10.10.10.1

192.168.0.2

攻撃

本来のreply

端末　ルータ　　　　　　　ルータ　端末

トンネルモード

トランスポートモード

図 2.27　smurf 攻撃
　192.168.0.0 内のすべての
コンピュータから，ターゲッ
トの 192.168.85.100 への
ping の echo が返信される。
IP スプーフィングを利用し
た DDoS 攻撃である。

図 2.28　IPsec
　特定の端末同士，または
ネットワーク同士を特定し，
暗号路をつなぐ仕組み。

パケットを検知するため，次の方法が取られている [36]。

・IP トレースバック（IP Traceback）

　　発信源 IP アドレスが偽装されていても，攻撃パケットを中
継したルータなどの情報から発信元を特定する技術。

・IPsec（Security Architecture for Internet Protocol）

　　暗号技術を用いた，IP パケット単位での改ざん検知や秘匿
機能を提供するプロトコル。次の 2 種類がある（**図 2.28**）。

　　トンネルモード：特定のネットワーク間の通信を暗号化・認
証する。

　　トランスポートモード：特定の端末間の通信を暗号化・認証
する。

ともに特定の端末やネットネットワークと VPN を張り，暗号通信
する仕組みである。ここでも電子認証が通信相手の確認に使用され
る。

■ ARP キャッシュポソニング

　ARP は IP アドレスから MAC アドレスを引く機能である。その
手順はすでに述べた。引かれた MAC アドレスは ARP テーブルに
キャッシュされる。もしそれが改ざんされたなら，他人の IP アド
レスのパケットを，なりすまして受け取ることができる。この攻撃
を ARP キャッシュポソニングという。これへの対策として DAI
（Dynamic ARP Inspection）がある。これは，LAN 上で不正な ARP
回答をするパケットを検査するセキュリティ機能である。IP アド
レスと MAC アドレスの対応を DHCP サーバが行う環境では，
DHCP サーバが保管しているデータに照らし合わせて，不正な

36）それぞれ下記を参照し
てほしい。
IP トレースバック
https://www.nict.go.jp/
publication/NICT-
News/1009/01.html

IPsec
https://www.kagoya.jp/
howto/network/ipsec-vpn/

図 2.29　ポートスキャンの結果
　nmap で攻撃対象をスキャンすると，ポート 20 番の ftp，22 番の ssh が開いていること。MAC アドレス，OS が Linux 2.6.3 であることがわかった。ここから ssh をアタックしてみるなどの攻撃活動が始まる。

```
File  Edit  View  Search  Terminal  Help
root@kali:~/Downloads# nmap -sV -A 192.168.3.3
Starting Nmap 7.70 ( https://nmap.org ) at 2019-06-16 01:59 EDT
Nmap scan report for 192.168.3.3
Host is up (0.00062s latency).
Not shown: 994 filtered ports
PORT   STATE SERVICE    VERSION
21/tcp open  ftp        vsftpd 2.2.2
| ftp-anon: Anonymous FTP login allowed (FTP code 230)
| Can't get directory listing: ERROR
|22/tcp open  ssh        OpenSSH 5.3 (protocol 2.0)
| ssh-hostkey:
|   1024 6c:4a:89:65:b8:40:f3:0f:10:54:5b:76:8a:9b:74:55 (DSA)
|_  2048 06:02:3f:ed:05:a0:37:61:fc:ae:8b:57:de:a1:ba:11 (RSA)
MAC Address: 08:00:27:70:22:32 (Oracle VirtualBox virtual NIC)
Device type: general purpose
Running: Linux 2.6.X|3.X
OS CPE: cpe:/o:linux:linux_kernel:2.6 cpe:/o:linux:linux_kernel:3
OS details: Linux 2.6.32 - 3.13
Network Distance: 1 hop
Service Info: OS: Unix
```

図 2.30　snort の検知画面
　コンピュータは ping やポートスキャンを受けても特に警告を出すことはなく，ユーザも気がつかない。IDS を導入することで，これを可視化できる。

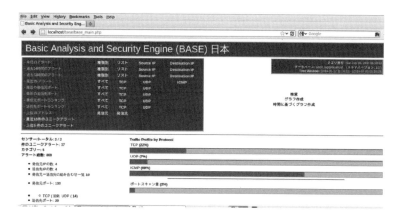

　ARP 回答を検知する。また，DHCP サーバがない環境でも，IP アドレスと MAC アドレスとの関連テーブルを設定することで，不正な ARP 応答を検知する。そして，不正な ARP 応答パケットは，スイッチが代行受信して破棄して，正規のもののみを転送する [37]。

37）詳しくは下記を参照。
DAI
https://www.infraexpert.com/
study/dhcpz7.htmlhowto/
network/ipsec-vpn/

2.3.4　トランスポート層にかかわる攻撃

■偽装 TCP コネクション

　偽装 TCP コネクションとは，本来とは違う相手と TCP コネクションを確立させる攻撃である。**図 2.19** に戻ってほしい。Host A と B の間に攻撃者のコンピュータがあり，攻撃者は A を DoS 攻撃

などで利用停止状態にしておく。ここで，攻撃者がAのふりをしてBへ接続要求①を送る。その際，攻撃であることを悟られないようにIPアドレスはAのものを使う。よって，Bからの返事②は攻撃者には届かないから，攻撃者はBが送ったSEQ番号がわからない。しかし，ここでBのSEQ番号が類推できたらどうだろうか。攻撃者は類推したSEQ番号でACK番号をつくり③で送り[38]，類推したSEQ番号が的をえていたらコネクションが確立し，その後④⑤を送ることができる。もしそれがBの脆弱性を突くコードであれば，Bを乗っ取ることが可能となる。

　この原因は，最初に発されるSEQ番号が統計的に予測可能というTCPの脆弱性による。これを類推できないようによりランダムなものにすることで解決できる。それとともに，送り込まれた攻撃コードの影響を受けないように，Bの脆弱性対策も必要である。

■ポートスキャン

　ターゲットのPCにネットワーク越しにポートに順番にアクセスし，ポートの開閉についての情報を収集する行為である。OSによって反応が微妙に異なることからOSの種類も検知できる。ポートスキャンのツールとしてはnmapが有名である。攻撃ツールというよりも，攻撃のための下調べにあたる。ポートスキャンをかけること自体は犯罪ではないが，継続的に実施することで場合によっては業務妨害となる（**図2.29**）。

　ポートスキャン自体では被害はでないが，その後に攻撃が始まる可能性は多い。攻撃に備えて侵入検知システムIDS（Intrusion Detection System）を設置するのも有効な対策である。IDSは，システムやネットワークに発生するイベントを監視し，ポートスキャンや不正侵入などインシデントの兆候を検知し，管理者に通知する。よく知られているものにsnortがある。snortがポートスキャンを検知した様子を**図2.30**に示す。

　また，仮に攻撃されたとしても被害を最小限に止めるため，余分なポートは閉じておくこと，脆弱なパスワードなどは改善するなどの対策も必要である。

2.3.5　アプリケーション層にかかわる攻撃

　ここからは，アプリケーション層に関連する攻撃について説明する。まず，その中から一般的には公開していないサーバについてまとめる。

38）攻撃者が②のSEQ番号を類推しBへ返す場合，実際はある程度のパターンでACK番号を大量につくり返すようである。その中に正しいものがあれば，偽装TCPコネクションが張られることとなる。

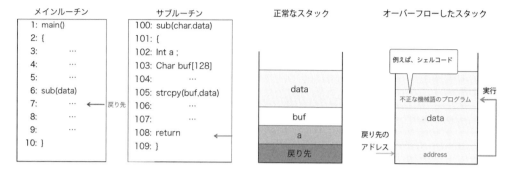

メインルーチン	サブルーチン	正常なスタック	オーバーフローしたスタック

```
1: main()
2: {
3:      …
4:      …
5:      …
6: sub(data)
7:      …          ← 戻り先
8:      …
9:      …
10: }
```

```
100:  sub(char.data)
101:  {
102:  Int a ;
103:  Char buf[128]
104:
105:  strcpy(buf,data)
106:
107:
108:  return
109:  }
```

図 2.31　バッファオーバーフロー攻撃
　想定より大きな data がバッファにコピーされると，正常な戻り値が不正な機械語のプログラムのものに上書きされる。ここでシェルコードとは，攻撃に使うために機械語で書かれたコードである。攻撃者はまずシェルを起動することが多いことから「シェルコード」と呼ばれる。

■バッファオーバーフロー攻撃

　バッファとは，キーボードからの入力，プログラム外部からのデータ入力などを一時的に記録する領域のことをいう。コンピュータを乗っ取る不正コードを埋め込み実行させるのが，バッファオーバーフロー攻撃である。

　図 2.31 はメインルーチンが 6 行目でサブルーチンを呼び出し実行し，その終了後に 7 行目に戻る簡単なプログラムである。そこでは，サブルーチンが呼び出され，それが終了したときメインルーチンのどこに戻ればよいか，そのアドレスがスタック内の最下部に記されているとする。サブルーチンは，Char but[128] でスタック内に 128 バイトのバッファ領域を確保し，その後 strcpy(buf,data) でそこに data をコピーする。仮に data が 100 バイトであった場合は，バッファにはまだ余りがある。サブルーチンの一連の処理が終わると，108 行目でスタックの最下部に記されているアドレス（ここではメインルーチンの 7 行目）へ処理が移る。以上が正常な場合である。

　バッファオーバーフロー攻撃は，次のように行われる。

① 105 行目でコピーされるデータがバッファを領域よりも大きく，スタックの最下部まで溢れ出し，以前の内容を書き換えてしまう。

②このとき，スタックの最下部が不正な機械語プログラムのアドレスで書き換えられる。

③サブルーチン終了後，メインルーチンに戻るためスタックの最下部を読みにいくと，不正な機械語プログラムが実行される。

この攻撃への管理者としての対策は以下の通りである。

・strcpy や gets などバッファオーバーフローを引き起こす可能性が高い関数を使用しない。または，バッファオーバーフロー

防止機能を追加したライブラリ（Libsafe など）を使用する。

・入力データの length を確実に行う。

・スタック上にバッファオーバーフローを検知するコードを埋め
込む。

・バッファオーバーフロー攻撃が成功し不正コードが実行され不
正侵入される場合にそなえて，不正侵入防止システム IPS
（Intrusion Prevention System）[39] を導入しておく。

では，ユーザはどのような対策をすればよいのだろうか。一般ユー
ザは上記のような対策をとることは難しい。しかし，自衛は可能で
ある。まず，ソフトウェアは最新のものにし脆弱性を塞ぎ不正侵入
されないようにすること，次にもしもに備えて重要な情報を暗号化
しておくこと，そして，それらをバックアップしておくことであろ
う。

■パスワードクラック

　インターネットバンキングをはじめとする経済活動が盛んになる
に従い，私たちのパスワードが狙われる機会も増えている。また
ID やパスワードなどのアカウント情報自体が商品として闇で売買
されている。アカウント情報を取得する方法は大き分けて 2 つある
（図 2.32）。

　① ID とパスワードは，サーバに暗号化され保存されている。そ
　　のパスワードファイルを盗み出し，専用ツール[40] で解析する。
　② Web サイトの認証画面に，ID とパスワードの候補を入力し不
　　正にログインする。

次にパスワードなどの主な解析方法は，次の 3 つである。

・総当たり攻撃
　すべての場合を試していく方法。ブルートフォースアタック
　ともいう。

・辞書攻撃
　よく使われている表現，簡単な規則性のある文字列，一度使
　われたパスワードがパスワード辞書に保存されており，それを
　試していく。総当たり攻撃よりも効率的である。

・パスワードリスト攻撃
　脆弱なサイトから盗み解析した ID とパスワードのファイル
　が闇で売買されている。それを入手し試していく。複数のサイ
　トで同じパスワードを使用したり，いくつかのパスワードを使

39）不正侵入防止システム
IPS
　IDS は不正侵入を検知する
仕組みであったのに対して，
IPS はそれより一歩進んで封
じ込めなどの対策も自動的に
行う。

40）パスワード解析ツール
　有名なものとして John
the Ripper がある。これはク
ラッキングとしても使える
が，パスワードの強さを解析
するのにも使える。
https://www.openwall.com/
john

図2.32　パスワードクラックの方法
　サーバに保存されているパスワードファイルを不正に入手しオンラインで解析する方法と，リアルタイムにIDとパスワードを打ち込み不正侵入を試みる方法がある。

い回すとこの被害に遭う可能性が高い。

　では，パスワードを不正に利用されないようにするにはどうしたらよいのか。それは，複雑で長いパスワード設定し1回しか使用しないことである。詳しくは次章にて説明する。

2.3.6　アプリケーション層の公開サーバへの攻撃

　ここからは，アプリケーション層に関連し，Webサーバのようにサービスを公開しているものへの攻撃と対策についてまとめる。

■ DNSキャッシュポゾニング

　DNS（Domain Name System）において，ドメインとIPアドレスを対応づけるDNSサーバの情報を故意に書き換える手法である。これによって，ユーザは正しいURLを入力したにもかかわらず，別サイトへ誘導される（**図2.33**）。

　この攻撃へ管理者がすべき対策として，次のものがある。

・DNSサーバのソフトを最新なものにし，セキュリティホールを塞ぐ。これは，攻撃者がDNSサーバの脆弱性を突いてキャッシュデータを書き換えるからである。

・電子署名の仕組みをもとに，DNSキャッシュサーバの答えが問い合わせた本来のネームサーバからの応答かどうか，パケット内容が改ざんされていないか，さらに，問い合わせたレコードが存在するか否かを検証する仕組みDNSSEC（DNS Security Extensions）を導入する。

・外部からの問い合わせ用のDNSサーバと内部のものとを区別する。これは攻撃者は外部からDNS内のレコードを改ざんしようとするからである。

・サーバ内に不正侵入（不正な書き換え）があったかどうかを検知するIDSを設置する。不正侵入を防ぐファイアウォールを

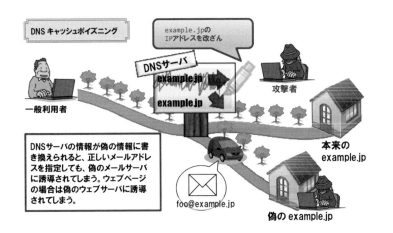

図 2.33 DNS キャッシュポイズニング
 IPA「情報セキュリティ白書 2009 第 II 部 10 大脅威」より引用。
http://www.ipa.go.jp/security/vuln/10threats2009.html

設置するなどがある。

これらサーバ管理の対策以外に，ユーザも偽装サイトかどうかをブラウザの URL に表示されている鍵マークで確認し自衛することも必要である。

■ SQL インジェクション

Web サーバの入力フォームを通じて，SQL[41] 文を挿入（Injection）したリクエストを送ることで，Web サーバと連動しているデータベースサーバを操作する方法である（**図 2.34**）。次のような被害を受ける。

41）SQL
 リレーショナルデータベース管理システムにおいて，データの操作や定義を行うためのデータベース言語。

- データベースへの不正ログイン。
- データベースの情報が参照され，機密情報や個人情報が漏えい。
- データベースの情報を不正に書き換えられ，データの信頼性が低下。
- データベースサーバで不正にコマンドが実行され，サーバに不正侵入。
- データベースサービスの停止。

2008 年，株式会社サウンドハウスからこの方法で約 97,000 件の個人情報が流出した。その仕組みは次の通りである。入力フォームの名前に「hiro」とパスワードに id に「aaa」を入力した場合，次の SQL 文がデータベースを操作する。

SELECT ＊ FROM member WHERE passwd='aaa' AND name= 'hiro'

この文は「名前が hiro でパスワードが aaa であるメンバーの情報を抽出せよ」ということを意味する。ここで，id に「'OR 'a'='a 」，

図2.34 SQLインジェクション
　実際にユーザ情報を取得する攻撃手法は，下記の動画で再現されている。
「Dits手口公開！SQLインジェクション」
http://www.youtube.com/watch?v=Hagwm9F6TDo

不正な
SQL文

pw=「aaa」を入力すると，今度は次の文が組み立てられる。

SELECT ＊ FROM member WHERE passwd='aaa' AND name=''
OR 'a'='a'

　このとき，WHEREより右の条件文は常に真となる。そこで，データベースの初期設定に従いデータベースからあるユーザの情報が抽出される。つまり，他人としてログインできるようになる。

　この攻撃に対しては，管理者が，Webサーバへのリクエスト内の'OR 'a'='aのようなSQL文を無効化することで，この攻撃を回避できる。その具体的手法は以下の2つである。

・SQL文に使用される語「'」を「''」のように別の文字に置き換えることで無効化する（エスケープ処理）。
・SQL文のひな型を用意し，その変動個所（プレースホルダ）に実際の値（バインド値）を割り当ててSQL文を生成する。このとき，SQL文のひな型とバインド値は個別にデータベースに送られ構文解析されるので，悪意あるSQLは生成されない（バインド機構）。

エスケープ処理は，対処すべき文字に漏れが生じることがあるので，バインド機構が主流となっている。

■クロスサイトスクリプティング（図2.35）

　クロスサイトスクリプティング（cross site scripting）とは，攻撃サーバに仕掛けられた悪意あるスクリプトが，脆弱なサーバで実行され，ユーザのPCに対して何らかの攻撃を加えるものである。サイト間をまたぐことから，このような名前がつけられ，XSSと略される場合がある。攻撃の詳細は次の通りである。

　①第三者のサーバに脆弱性が発見される。多くの場合，それは，フォームから入力されたスクリプトが実行されてしまうなどである。

対策③
Webサーバの前面に、WAFを設置し脆弱性を突いた攻撃から守る

対策②
エスケープ処理、バインド機構で、不正なスクリプトを無効化

① 脆弱性が発見される。

対策①
不正なスクリプトを仕掛けさせない。

ワナサイト

④ 不正スクリプトが送り込まれる

第三者のサーバ

③ クリック

② 脆弱性を悪用するスクリプトをしかける

⑤ 不正スクリプトが実行される

⑥ 偽装サイトが表示される。

偽装サイト

対策④
偽装サイトをSSLなどから見破る

図2.35　クロスサイトスクリプティングの例

攻撃サーバに仕掛けられたスクリプトが脆弱なサーバで実行され，その結果，ユーザ側に偽装サイトが表示される。攻撃サーバへの対策を取っていても，予想もしないところから攻撃を受けるので，対策が取りにくい。次のIPA資料も参照。

IPA「クロスサイト・スクリプティングの具体的な攻撃例」
http://www.ipa.go.jp/security/vuln/vuln_contents/xss.html#sec02

②攻撃者が，ワナサイトに脆弱性を悪用するスクリプトを仕掛ける。

③被害者が，②の仕掛けをワナとは知らずクリックする。

④ワナサイトから，第三者のサーバへ不正スクリプトが送り込まれる。

⑤第三者のサーバで，④で送られたスクリプトが実行される。

⑥偽装サイトが，被害者の前に表示される。気がつかなければ，IDとパスワードを盗まれる。

この攻撃の対策はワナサイト，被害者，第三者のサーバそれぞれにある。まず，ワナサイトに不正なスクリプトを仕掛けさせない。次に第三者のサーバがスクリプトを受信しないように，アプリケーションレベルのファイアウォール（WAF）を設置する。同時にこのサーバの脆弱性をエスケープ処理やバインド機構で無効化する。ユーザも，偽装サイトかどうかをhttpsなどで確認する必要がある。また，WebブラウザによってはXSSフィルタが準備されているものもあるので，その機能を有効にする方法もある。

様々な対策はあるが，いちばんの対策はインターネットから脆弱なコンピュータをなくすことである。

■偽装メール

偽装メールは，他の差出人を騙り，添付されたマルウェアや詐欺サイトなどへのURLをクリックさせることを目的としている。よく見られるメール偽装の方法は，次の3点だろう。

(i)本文が実名宛になっていたり，実際送信したメールへの返信の

図2.36　EMOTET が送信した偽装メール

この例では，添付のワード文書をクリックするとマルウェアに感染する。

メール件名，引用されたメール本文など実際にやり取りされ内容を示し信頼させようとしている。メールアドレスは別ものであるが，メールアカウント名（氏名）は実在の個人のものである。

JPCERT CC 佐條 研，2019「マルウェア Emotet への対応」https://blogs.jpcert.or.jp/ja/2019/12/emotetfaq.html より引用加筆。

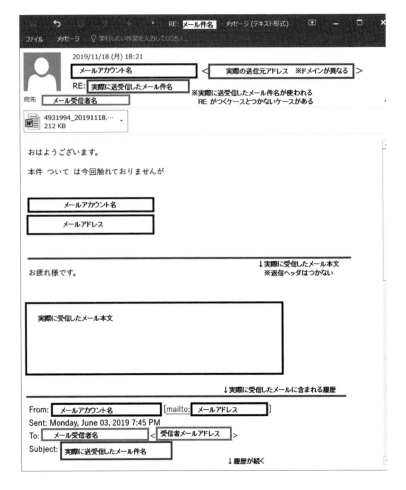

形であったり，内容で本物らしく見せる（メールの内容で信用させる）。

(ii) メールの差出人名，差出人アドレス名を偽装する（差出人の偽装）。

(iii) 悪意ある Web サイトの URL は HTML タグで表示されないようになっている（悪意の隠蔽）。

これらのうち(i)と(ii)を同時に行った例として，2019 年に猛威をふるった EMOTET が発信したメールを**図 2.36** で示す。差出人の氏名，中で引用されているメール文は実際にやり取りをされたものである。EMOTET は感染コンピュータからメールの履歴を読み込み，このようなメールを送信する。受け取った方は，メールアドレスが実在の人とは異なっているがそれに気がつかず，本文の内容からそのメールを信頼してしまっても無理がない。すでに，人間の知覚による検知は不可能なのかもしれない。何らかの技術的対策が必要である。

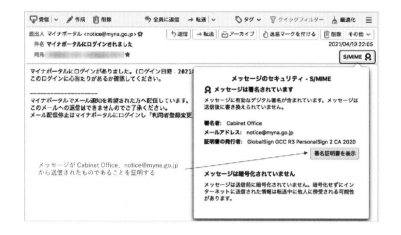

図 2.37　デジタル署名されたメール

　公的個人認証のマイポータルからのメールは S/MIME でデジタル署名されている。

　メール右上の「S/MIME」をクリックするとポップアップが表示される。そこで「署名証明書を表示」をクリックすることで，メッセージは署名されていることを示す証明書が確認できる。

　偽装メールを見分ける技術的対策として，現在実施されているものに次がある。

- S/MIME（Secure / Multipurpose Internet Mail Extensions）などで，ユーザがメールにデジタル署名をつけて真正を証明する（**図 2.37**）。
- SPF（Sender Policy Framework）をシステムに導入し，正しいサーバから送信メールを確認する。
- DKIM（Domain Keys Identied Mail）をシステムに導入し，正しいサーバから送信されたメールにデジタル署名をつけて，それを確認する。

　S/MIME の運用には，署名証明書を確認したり更新する仕組みが必要となる。そこにコストがかかることから，なかなか普及しない。それと比べ，SPF と DKIM は標準化され普及している。これらを使い自動的に偽装メールとそうでないものを振り分けることもできる。SPF と DKIM の仕組みとそれを使った偽装メール確認方法についてはトピックス②で詳しく述べる。

■サービス停止攻撃（DoS 攻撃）

　サービス停止攻撃（Denial of Service attack）には，攻撃の種類として，サーバやネットワークなどのリソース（資源）に意図的に大量のリクエストや巨大なデータを送りつけるなどして過剰な負荷をかけるフラッド攻撃と，サービスの脆弱性を突いてサービスに例外処理をさせるなどしてサービスを利用不能にする脆弱性攻撃がある（**図 2.38**）。また，攻撃の形として多くのコンピュータが 1 つのサーバに対して一斉に DoS 攻撃を仕掛ける分散型サービス停止攻撃（Distributed Denial of Service attack）もある。これは「DDoS

図 2.38　Digital Attack Map

グローバルな視点で，DoS攻撃の記録が公開されている。画面下には，DoS攻撃の規模が時系列に表示されている。最近はピークアウトしていることからDoS攻撃が盛んに行われていることがわかる。

https://www.
digitalattackmap.com/

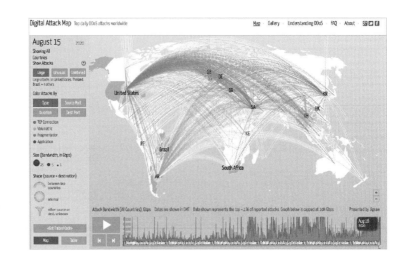

表 2.7　DoS攻撃の種類

Digital Attack Mapの整理に従ってまとめた。標的とされたプロトコルは様々であることから，個別のTCP/IP層で説明するのが本来であろうが，それでは煩雑になるので，ここで解説する。

https://www.
digitalattackmap.
com/understanding-ddos/

攻撃の型	攻撃の例	標的のTCP/IP
TCPコネクション攻撃	TCP接続要求（SYN）や切断要求（FIN）を大量に送信し，確認応答をサーバに待ち続けさせ，メモリやパワーなどのリソースに負担をかける（SYN/FINフラッド攻撃）。	トランスポート層
	応答（ACK）を大量に前手続きなしで送信し，サーバの通信ログをACKパケットでいっぱいにする。TCP接続がないのでACKパケットは廃棄され接続拒否（RST）が繰り返されて，サーバのリソースが失われる（ACKフラッド攻撃）。	
	TCPコネクションの確立を大量に行うがその後のデータ転送は行わない。これによって大量の接続状態を保持するため，メモリを枯渇させる（Connection Exhaustion攻撃）。	
ボリューム攻撃	大量のデータパケットを送信し，利用可能なネットワーク帯域幅を完全に飽和させる。	
	システムを正しい時間に同期させるためのNTPのmonlistコマンドを，送信元に攻撃対象を設定し実行する（NTPリフレクション攻撃）。	アプリケーション層
	pingのICMPパケットの送信元をターゲットに改ざんしネットワーク全体に送ることで，ネットワーク内のコンピュータがターゲットにechoパケットを返信する（Smurf攻撃）。	トランスポート層
フラグメンテーション攻撃	大きなサイズのデータパケットは小さなサイズのフレームに分割されてネットワーク上を転送され，その後再結合される。例えば，イーサネットのMTUは1,500 byte。その際に断片化したフレームが再結合できないようにし，サーバのリソースを消費させる。	インターネット層
アプリケーション攻撃	DNSサーバへ名前解決ができないためのリクエストを大量に送信することで，正当なユーザからの名前解決を妨害する（DNSフラッド攻撃）。	アプリケーション層
	Webサーバへ大量のHTTP GETコマンドを送信し，処理し切れなくなる状態にする（HTTP GETフラッド攻撃）。	

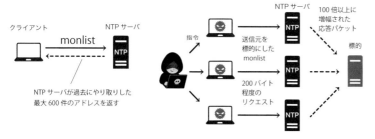

本来の応答　　　　　　　　　　NTP リフレクション攻撃

クライアント　　　　NTP サーバ

monlist

NTP サーバが過去にやり取りした
最大 600 件のアドレスを返す

指令

送信元を
標的にした
monlist

200 バイト
程度の
リクエスト

NTP サーバ

100 倍以上に
増幅された
応答パケット

標的

図 2.39　NTP リフレクショ
ン攻撃

　monlist コマンドによる
NTP へのリクエストはせい
ぜい 200 バイトであるが,
NTP からの回答は 100 倍以
上のデータ量になっている。
これを複数のボットで行うこ
とで, 標的を攻撃できる。こ
のようにリクエストに対して
回答のデータ量が増幅する仕
掛けが狙われる。同様に通信
量を増幅させる攻撃には,
DNS サーバを使ったものも
ある。
　例えば, DNS 増幅攻撃
(DNS amplification attack)
である。

攻撃」とも呼ばれている。

　サーバに過剰な負荷をかける方法は様々である。その一部を**表2.7** にあげる。その中から NTP リフレクション攻撃を例にあげよう。インターネット上には, 正しい時刻情報を取得・配信している時刻サーバ（NTP サーバ）というものがある。その NTP サーバへ過去にやり取りした最大 600 件のアドレスを照会する monlist コマンドを, 送信元を標的に改ざんして送る。すると, 大量のレスポンスとなって標的に帰ってくる（**図2.39**）。この攻撃への対策は, monlist コマンドの無効化をするなど個別的なものとなり, DoS 攻撃一般へ対策をとることはなかなか難しい。

2.3.7　インターネットへの攻撃に対する対策のまとめ

　以上, インターネットに実装されている TCP/IP の各層に関連させて実際の攻撃を説明してきた。それを**表2.8** にまとめてみた。

　本章で扱った攻撃は, 主にインターネット基盤へのものである。よって, それらへの対策は, システム管理者, プログラマ, が主となる。それでも, ユーザであっても, 対策をシステム管理者たちに任せるだけではなく「自衛」という対策をとることも必要であろう。システム管理者, プログラマ, そしてユーザが自分のできることを行うことで, 柔軟で強靭な対策をとることができ, 情報社会の安全・安心は進むと思われる。

　また, クロスサイトスクリプティングのように, 脆弱な第三者のサーバが攻撃者によって悪用されることも見てきた。すでに終了した事業であるから, 自分たちに被害はないということで, 脆弱なサーバを放置することが, 社会の安全・安心を脅かしていることもご理解頂けたと思う。システム管理者, プログラマを目指す方には, 脆弱性を塞ぐことが自分たちだけを守るのではなく, 社会の安全を保つために必要なこと, 情報セキュリティ対策は社会的責任の 1 つであるという視点をもってもらいたい。

攻撃	システム管理者，プログラマーの対策		一般ユーザの対策
マルウェアや不正侵入一般	基本的対策	アップデート，マルウェア対策ソフトの導入と運用，ファイアウォール	
		強いパスワードとその管理，ログ履歴，多要素認証	
		バックアップ	
DoS攻撃/DDoS攻撃	個別対応		踏み台にならないように
Webスキミング	スキマーを設置させない/XSS対策，脆弱性対策		スキマーを読み込まない/実行させない
SQLインジェクション/XSS	エスケープ処理，バインド機構，WAF		自衛として ・通信の暗号化 　（SSL/TLS，VPN） ・重要ファイルの暗号化 ・偽装を見破る知識
DNSキャッシュポイゾニング	DNSSEC		
HTTPセッションハイジャック	推測困難なセッション ID を利用		
メールの差出人偽装	SMTP AUTH，DKIM，SPF，DMARC		
バッファオーバーフロー攻撃	strcpyやgetsを使用しない他		
ポートスキャン	IDS，IPS		
偽装TCPコネクション	推測できないSEQ番号		
経路制御情報の書き換え	soBGP，S-BGP		
IPアドレス詐称	IPSEC		
ARPキャッシュポイゾニング	DAI		
パケットモニタリング	https（SSL/TLS）		
無線LAN	WPA2，IEEE 802.1Xの設置		WPA2，IEEE 802.1Xの利用

表 2.8　本章であつかった攻撃と対策
　TCP/IP の各層にかかわる攻撃を整理し，その対策をあげた。

演習問題

Q1 フィッシング対策協議会の Web サイトで，最近のフィッシング詐欺サイトを確認しなさい。

Q2 フェイクサイト，フィッシングサイトを見分ける方法をそれぞれ 3 つずつあげなさい。

Q3 詐欺サイトへクレジットカード番号を入力してしまった場合，どのような対応をとればよいかをまとめなさい。

Q4 MAC アドレス，IP アドレス，ドメインそれぞれの違いや特徴を整理しなさい。

Q5 無線 LAN の偽装に対して，どのような対策があるかまとめなさい。

Q6 セッション番号や Cookies を盗まれることで，どのような攻撃に遭う可能性があるか説明しなさい。

Q7 ルーティングテーブルを書き換える攻撃に対して，どのような対策があるか，狙われた脆弱性とともに説明しなさい。

Q8 IP パケットの改ざんによってどのような攻撃が可能となるか，また改ざんを防ぐためにどのような対策があるか説明しなさい。

Q9 DNS キャッシュポゾニングとは，どのような攻撃かまとめなさい。

Q10 SQL インジェクションによって，どのような攻撃が可能か整

理しなさい。また有効なサーバ対策をあげなさい。

Q11 クロスサイトスクリプティングとは，どのような攻撃かまとめなさい。また有効なサーバ対策をあげなさい。

Q12 身近な大学や組織の SPF レコードにどのようなことが記載されているか，nslookup または dig で調べなさい。

参考文献

総務省　国民のための情報セキュリティサイト「インターネットって　何？」http://www.soumu.go.jp/main_sosiki/joho_tsusin/security/kiso/k01.htm

「インターネットの仕組み」 http://www.soumu.go.jp/main_sosiki/joho_tsusin/security/kiso/k01_inter.htm

「MAC アドレス検索」 https://uic.jp/mac/

「フィッシング対策協議会」 https://www.antiphishing.jp/

「国民生活センター」 http://www.kokusen.go.jp/map/index.html

「都道府県別サイバー犯罪対策窓口」 http://www.npa.go.jp/cyber/soudan.htm

「なりすまし対策ポータル」 https://www.naritai.jp/index.html

```
Return-Path: <clhov@vpass.ne.jp>  ←③エラー発生時の通知先メールアドレス
Received: from  ms2.example.local (… [10.122.15.7])
          by (examplembox)                                          経路3
Received: from ms1.example.com  (… [192.168.201.3])
          by ms2.example.local with SMTP                            経路2
          for <userA@example.com>; Fri, 18 Dec 2020 17:48:14 +0900 (JST)
Received: from vpass.ne.jp ([117.51.150.108])  ←②送信元コンピュータ
          by ms1.example.com with SMTP  id …                       経路1
          for <userA@example.com>; Fri, 18 Dec 2020 17:48:14 +0900
Message-ID: <9E574C5825D6A273F29BDD386523CB54@vpass.ne.jp>
From: 三井住友カード <info@vpass.ne.jp>      ←①送信元メールアドレス
To: <userA@example.com>
Subject: ＜重要＞【三井住友カード】ご利用確認のお願い
Date: Fri, 18 Dec 2020 16:48:02 +0800


いつも弊社カードをご利用いただきありがとうございます。
このたび、ご本人様のご利用かどうかを確認させていただきたいお取引があ
りましたので、誠に勝手ながら、カードのご利用を一部制限させていただき
ご連絡させていただきました。つきましては、以下へアクセスの上、カード
のご利用確認にご協力をお願い致します。


■ご利用確認はこちら
　https://smbc-cerd.com/
```

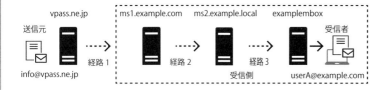

図1　実際に送られてきた偽装メール

　送信者のドメインvpass.ne.jpは、本物の三井住友カードからのメールと同じものが使われている。

　このカードの利用者であれば、以前と同じドメインからのメールであるので騙され、「ご利用確認」にカード番号などを入力してしまうかもしれない。

　ヘッダには、このメールがサーバを経由するごとに、その経由情報「Received…」が、下から順番に書き込まれていく。読み方は、経路2を例にあげれば、そこには「userA@exaple.com宛のメールを、ms1.example.com([192.168.201.3])から、ms2.example.comが、2020年の12月18日（金）17時48分14秒に受け取った」と記載されている。

　この経路情報は、メールが転送された後に書き込まれるので①よりは信頼性が高い。しかし、攻撃者が送信前に書き込むことも可能である。その場合、経路の連鎖が切れるなどから、偽装が判明することも多い。

　図1は、三井住友カードを騙った実際に送られてきた偽装メールである。これから、このメールを題材にメール真偽を見分けるいくつかのポイントを紹介する。

■ポイント1　①送信元メールアドレス info@vpass.ne.jp

　差出人アドレスのドメインvpass.ne.jpは、本物の三井住友カードのメールアドレスでも実際に使われているものである。これだけを見るとこのメールは本物のように思えるが、この①のアドレスはメール作成時にどのようにも設定可能である。具体的には、メールソフトの差出人情報を修正すればよい。よって、①だけではメールの真偽を判断できない。本当の送信元のアドレスはエンベロープといい、通常のメールソフトには表示されない。なお、③も①と同様にメール作成時に好きなように設

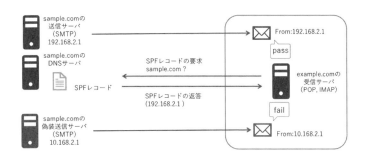

図2　SPFの運用
　受信サーバが，info@sample.com のように，ドメイン sample.com を送信元とするメールを受け取ると，DNSへ sample.com の SPF レコードを要求する。その中に登録されている IP アドレスに，受け取ったメールの送信元の IP アドレスが入っていれば本物，そうでなければ偽物ということになる。

　本物の場合は「Pass」，偽物の場合は「Fail」，もし SPF レコード自身が DNS に登録されていない場合は「None」が返される。その他の応答メッセージは下記参照。

https://salt.iajapan.org/wpmu/anti_spam/admin/tech/explanation/spf/

　また，SPF レコードは下記のコマンドでも要求できる。
cnslookup -q=TXT sample.com
dig @[DNS サーバ] sample.com TXT

定できるので，これもメールの真贋を決定する要素とはならない。

■ポイント2　SPF（Sender Policy Framework）で②を検証

　メールのヘッダには，このメールが「どこから」「どのような経路で」「いつ」送られてきたかが記載されている。**図1**では「経路1～3」がそれにあたる。これから，問題のメールは vpass.ne.jp から送信され，その後 ms1.example.com，ms2.example.local を経由してきたことがわかる。最初の②送信元コンピュータ vpass.ne.jp は三井住友カードの正式のドメイン名をもつものであるから，このメールは三井住友カードから発信されたようにも思える。しかし，最初のコンピュータは攻撃者が自由に扱えるものであることから，別のコンピュータを vpass.ne.jp と偽っている可能性も排除できない。それを見破るキーは，その右にある「117.51.150.108」である。この IP アドレスはメールが送信された後にシステムが自動的に書き込むものなので偽装されている可能性は低い。つまり，このメールは 117.51.150.108 より送信されたことがわかる。そこで，三井住友カードが vpass.ne.jp で実際に使用している IP アドレスを調べ，この IP アドレスと 117.51.150.108 を照合することで，このメールが本物の vpass.ne.jp から送信されたかどうかがわかるはずである。

　このアイデアを標準化した仕組みが SPF（Sender Policy Framework）である。この方法は，電子メールにおける送信ドメイン認証として普及している。

　SPF では，まず，DNS に SPF レコードを登録する。SPF レコードは，下記のような形式で，

　　　　sample.com. IN SPF "v=spf1 ip4:192.168.2.1 -all"

「ドメイン名 sample.com を使ったメールは 192.168.2.1 からものは信頼してよいが，それ以外は拒否してほしい」旨を示している。これを使った SPF の運用は**図2**に示す。

　図2では sample.com となっているが，これを vpass.ne.jp と読み換えてほしい。まず DNS への vpass.ne.jp の SPF レコードを要求する。

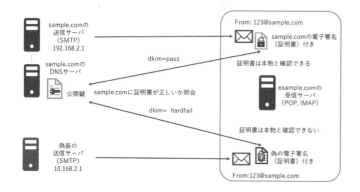

sample.comの
送信サーバ
(SMTP)
192.168.2.1

sample.comの
DNSサーバ

公開鍵

sample.comに証明書が正しいか照会

dkim=pass

dkim=hardfail

偽装の
送信サーバ
(SMTP)
10.168.2.1

From: 123@sample.com

sample.comの電子署名
(証明書)付き

証明書は本物と確認できる

example.comの
受信サーバ
(POP, IMAP)

証明書は本物と確認できない

偽の電子署名
(証明書)付き

From:123@sample.com

図3　DKIMの運用
　電子署名は，メールヘッダのDKIM-Signatureの箇所になされる。受け取り側はそれを検証する。検証結果は，Authentication-Resultsヘッダにdkimの値として記載される。例えば，passは「メールはDKIM署名されており，署名の照合が成功し認証した」，hardfailは「メールはDKIM署名されていたが，署名の照合が失敗し，認証が失敗した」，noneは「メールがDKIM署名されていない」など。詳しくは下記参照。
一般財団法人インターネット協会
DKIM (Domainkeys Identified Mail)
https://salt.iajapan.org/wpmu/anti_spam/admin/tech/explanation/dkim/

すると，本物の vpass.ne.jp に登録されている信頼できる IP アドレスが SPF レコードとして返ってくる。もしその中に②の 117.51.150.108 があれば，このメールは信頼できる IP アドレスのコンピュータから送信されたもので本物とみなすことができる。しかし，もし含まれていなければ偽装メールである可能性が高いこととなる。

　この SPF の結果は Received-SPF ヘッダに None/Pass/Fail などと記載されることもあるが，**図1**のように表示されない場合もある。その際は nslookup -q=TXT vpass.ne.jp で SPF レコードを呼び出してみる。そこに，②の 117.51.150.108 は含まれていなかった。よって，このメールの差出人は偽装されていると判断できる。

■ポイント3　DKIM（Domain Keys Identied Mail）で確認

　DKIM は，送信メールサーバなどの MTA（Mail transfer agent）がメールに電子署名を行い，DNS サーバに公開している公開鍵で，送信者の正しさを検証する仕組みである（**図3**）。署名は，メールの DKIM-Signature ヘッダへなされる。検証の結果は，メールヘッダに次のような形式で書き込まれる。

Authentication-Results: ms1.example.com;
dkim=pass (1024-bit key) header.i=userA@example.com; dkim-asp=none

これは，ms1.example.com が認証を行う対象のドメインで，送信者 userA@example.com に対象に認証を行ったところ「メールは DKIM 署名されており，署名の照合が成功し認証した（dkim=pass）」ことを示す。**図1**のメールには DKIM-Signature ヘッダがなく電子署名がなされていない。DKIM では判断できないことになる。

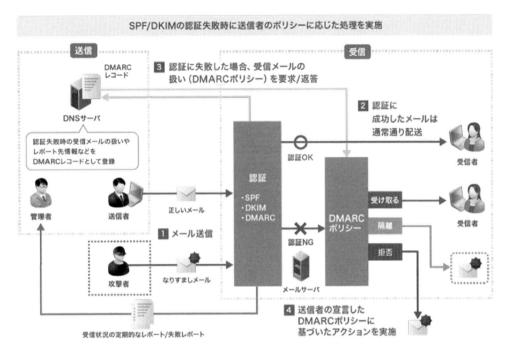

SPF/DKIMの認証失敗時に送信者のポリシーに応じた処理を実施

送信

DMARC
レコード

3 認証に失敗した場合、受信メールの
扱い（DMARCポリシー）を要求/返答

受信

2 認証に
成功したメールは
通常通り配送

DNSサーバ

認証失敗時の受信メールの扱いや
レポート先情報などを
DMARCレコードとして登録

認証OK

受信者

認証
・SPF
・DKIM
・DMARC

DMARC
ポリシー

受け取る

受信者

管理者　　送信者　　正しいメール

1 メール送信

隔離

認証NG

拒否

攻撃者　　なりすましメール

メールサーバ

4 送信者の宣言した
DMARCポリシーに
基づいたアクションを実施

受信状況の定期的なレポート/失敗レポート

図4　DMARC

エンタープライズ IT「送信ドメイン認証（SPF / DKIM / DMARC）の仕組みと，なりすましメール対策への活用法を徹底解説」より
https://ent.iij.ad.jp/articles/172
ヘッダーに
"none" "quarantine" "reject"
以外に，
"dmarc=bestguesspass action=none"
と記載される場合がある。これは，「メインの DMARC TXT レコードが存在しないことを示す。ただし，レコードが存在していた場合，メッセージの DMARC チェックはパスしていたことになる」という意味。

■ポイント 4　DMARC（Domain-based Message Authentication, Reporting and Conformance）の活用

図1のメールのヘッダには記載がないが，SPF=fail，DKIM=None であろう。その場合このメールはどのように取り扱われるべきであろうか。それを決定するのは，正式な vpass.ne.jp の使用者の「三井住友カード」である。DMARC は，受信側が SPF や DKIM の認証が失敗した場合に，正式な送信側として受信側にどう対応してほしいかのアクション，具体的には「受け取る（none）/ 隔離（quarantine）/ 拒否（reject）」を DNS に DMARC ポリシーとして公開する。受信サーバはこれに「認証に失敗したメールを処理する」というアクションを与える。その結果は，メールのヘッダ Authentication-Results: に記載される。

vpass.ne.jp とは別のものになるが，mail@www.smbc.co.jp を名乗る偽装メールが www.abc.xyz から送信された場合を例にとると，

Authentication-Results:
spf=none (sender IP is 134.73.146.211)
　　　smtp.mailfrom=www.abc.xyz; ms1.example.com;
dkim=none (message not signed)　header.d=none; ms1.example.com;
dmarc=fail action=none header.from=www.smbc.co.jp

これは，「SPF レコードも DKIM の署名もないことから，メールの送信

元の正しさは判断できず DMARC は認証に失敗（fail）した。しかし，メールには何もせず（none）そのまま受信者へ送ることにした」ことを示している。ここで，DMARC の値は，spf=pass で dkim=none の場合は，dmarc=pass action=none と SPF と DKIM をもとに決定される。それが正式な送信元のポリシーということになる。

　この DMARC によって次のメリットが正式な送信元にある。

・SPF や DKIM 検証結果から，どんな処理を行うべきなのかを指定でき，結果として，なりすましメールを防ぐことができる。
・どれだけ SPF に合格し，どれだけ DKIM に失敗しているかについてのレポートから，今後の対策を検討できる。
・ドメインが悪用されている実態について知ることができる。

　図 1 の受信サーバでは，SPF も DKIM も導入されていないことから残念ながら DMARC の機能を使うことができない。しかし，その有効性は期待でき，今後普及していくものと思われる。

第3章

情報セキュリティの技術的対策

▶▶▶ 3.1
ユーザにとって重要な対策

　これまで，攻撃者がどのような手法を用いて私たちの情報を盗み出したり改ざんしようとしているかを見てきた。また，それらの多くがインターネット技術の脆弱性を突くものであることから，それら脆弱性をカバーする様々な対策がとられていることも説明してきた。ただ，そこで述べてきた対策は主にシステム管理者など技術者が実施するものである。では，一般の人は何をすべきであろうか。対策を OS やアプリの提供者だけに任せておくだけではなく，ユーザがなすべきことを実施することで，インターネット社会の安全・安心が向上することは，ボットウイルスによって一般ユーザの PC が攻撃者の手足とされている例から容易に想像される。

　この章では，私たち一般ユーザが自分を守るため，そして情報社会の脆弱性や脅威を下げるために必要なことをまとめることとする。

3.1.1　ソフトウェアを最新のものにする [1]

　OS に限らず，アプリケーションソフトやドライバには，脆弱性またはセキュリティホールと呼ばれる，開発中には気がつかなかったバグやセキュリティ上の欠点がある。セキュリティホールが見つかった場合は，当該のソフトウェアはパッチと呼ばれる更新プログラムをあてたり，セキュリティホールを解消したプログラムと入れ替える必要がある。ここではその留意点についてまとめる。

■すべてのソフトウェアを最新のものにする

　ソフトウェアのセキュリティホールは OS ばかりではない。例えばマルウェアは，ワープロソフトや Web ブラウザとその拡張機能，動画再生ソフト，PDF ファイルの閲覧ソフトなど幅広いソフトウェアの脆弱性をターゲットにしている。中には BIOS を改ざんし PC を起動不能とするものや，ブロードバンドルータのファームウェアを改ざんし LAN 内部への侵入を助けるマルウェアもある。よって，すべてのソフトウェアを最新のものにし，脆弱性を解消する必要がある [2]。しかし，すべてのプログラムの最新版が公開されていない

1）**最新のものにする**
　「アップデート」はプログラムの一部を更新すること，「バージョンアップ」「アップグレード」は新機能を追加したり動作要件を変更するなどプログラム全体を一新することとは区別するのが一般的である。本書で「更新」はアップデートの意味で，「ソフトウェアを最新のものにする」は，アップデートとバージョンアップの両方を含んだ意味で使用する。

2）**すべてのソフトウェアを最新にする必要がある**
　2016 年上半期に報告されたソフトウェアの脆弱性のうち，Web ブラウザに関するものは 9.3%，OS の中心部分についてのものは 22.5%，OS のアプリケーション部分についてのものは 22.4%，その他のアプリケーションについてのものは 45.8% を占める。もはや OS だけアップデートすればよいとは言えない。
Microsoft Security Intelligence Report Volume 21（January-June, 2016）https://download.microsoft.com/download/E/B/0/EB0F50CC-989C-4B66-B7F6-68CD3DC90DE3/Microsoft_Security_Intelligence_Report_Volume_21_English.pdf より

図3.1　MyJVNバージョンチェッカ for.NET
　すべてのソフトウェアに対応しているわけではないが，広く普及しているソフトウェア製品がPCにインストールされているか，またそれが最新バージョンであるかを一覧で確認することができる。また「結果詳細」には最新のものをダウンロードするサイトへリンクも用意されている。

https://jvndb.jvn.jp/apis/myjvn/vccheckdotnet.html
より

かをこまめに確認することは実際にはかなり手間である。そのようなときはJVN（Japan Vulnerability Notes）が提供しているMyJVNバージョンチェッカのようなツールを利用すると便利である（**図3.1**）。ただし，MyJVNバージョンチェッカはIoT機器やブロードバンドルータ，スマホなどを動かしているソフトウェアに対応していないので，注意が必要である。

■自動更新の活用

　ソフトウェアを更新する必要性を理解しても，アップデートの時期が様々であったり，再起動で作業を中断させられる場合がある。現在のソフトウェアは，自動更新の仕組みがあり，かつ，更新プログラムをインストールする時期を「今すぐ」や「1時間後」などと選べるものが増えてきた。自動更新に設定することで，ついついアップデートを後回しにして被害に遭うなどというリスクを避けることができる。また，ブロードバンドルータのファームプログラムなどバージョンチェッカに対応していないものも自動更新にしておけばひとまずは安心できる。ただし，自動更新に失敗する場合もあることから，更新されているかを定期的に確認する必要はある。

■不具合の可能性

　ソフトウェアを最新にした場合，特にバージョンアップした場合PCが動作要件を満たさなくなることがある。また，アップデートであっても思わぬ不具合が生じる可能性は否めない。そのようなことに備えて，システム全体を定期的にバックアップをとっておくことを心がけておくとよい。現在ではデータがクラウド上のストレー

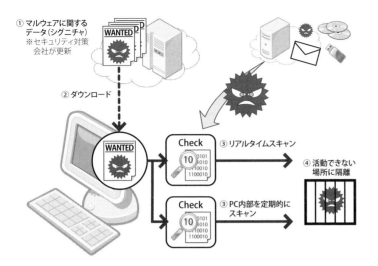

①マルウェアに関する
データ（シグニチャ）
※セキュリティ対策
会社が更新

② ダウンロード

Check
10 0101
1010
10010
1100010
③ リアルタイムスキャン

④ 活動できない
場所に隔離

Check
10 0101
1010
10010
1100010
③ PC内部を定期的に
スキャン

図 3.2　マルウェア検知機能
　セキュリティ対策ソフトの
マルウェア検知機能は，①ウ
イルスやスパイウェアなどの
マルウェアの特徴をシグニ
チャにする。② PC は常時新
しいシグニチャを入手する。
③リアルタイムで通信を監視
したり，PC 内部を定期的に
スキャンし，④マルウェアと
して登録されているシグニ
チャと一致するものを検知し
たら隔離・無力化する。

ジに自動的にバージョン保存される場合も多く，それをバックアッ
プがわりにしている方法もある。しかし，その方法では OS やアプ
リケーションの設定などシステムまわりは保存されていないので，
OS などに不具合が生じた場合には復旧できない。データの保存と
システム全体のバックアップは区別して，もしもに備える必要があ
る。

3.1.2　マルウェアの検知

　マルウェアの検知には，セキュリティ対策ソフトが用いられる。
それは主に次の動きをする（**図 3.2**）。

- ・リアルタイムにデータの出入りを監視し，マルウェアを検知次
　第隔離して無力化する。
- ・PC のメモリ，ハードディスクなどの記憶装置を定期的にマル
　ウェアスキャンし，検知次第隔離して無力化する。

　このとき，セキュリティ対策ソフトは，何がマルウェアであるか
を認識していないと正しくそれを検知できない。そこで，セキュリ
ティ対策ソフト会社から，マルウェアの特徴 [3] を示したデータを
入手する必要がある。このデータは「シグニチャ（Signature）」や「ウ
イルス定義ファイル」などと呼ばれる。次々と新しいマルウェアが
生まれることから，常に新しいシグニチャをインターネットを通じ
て入手しておく必要がある。また，定期的に PC 内部をスキャンす
る理由は，シグニチャが間に合わず，後にマルウェアであることが
判明する場合があるからである。この PC 内部スキャンは，セキュ
リティ対策ソフトのスケジュール機能を使い，自動的に実施されて

3）マルウェアの特徴
　主にマルウェアのプログラ
ムパターン。そのハッシュ値
をシグニチャとすることが多
い。ハッシュ値を比較するこ
とでマルウェアとして検知で
きる。ただ，この方法は既知
のマルウェアについてのみ有
効で，未知のものは検知でき
ないという欠点がある。

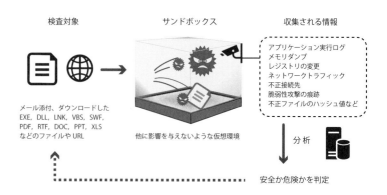

図3.3 サンドボックスによるマルウェア検知
　このサンドボックス機能は，OSにすでに組み込まれている，または市販されているセキュリティ対策ソフトに搭載されている場合がある。別製品として提供される場合もある。

検査対象　　　　　　サンドボックス　　　　収集される情報

メール添付，ダウンロードした
EXE, DLL, LNK, VBS, SWF,
PDF, RTF, DOC, PPT, XLS
などのファイルやURL

他に影響を与えないような仮想環境

アプリケーション実行ログ
メモリダンプ
レジストリの変更
ネットワークトラフィック
不正接続先
脆弱性攻撃の痕跡
不正ファイルのハッシュ値など

分析

安全か危険かを判定

いることが多い。
　新しいシグニチャは，セキュリティ対策ソフトを購入したときから1年間，3年間などの一定期間入手できる契約となっていることが多い。この期間を過ぎると，新しいシグニチャを入手できなくなり，新種のマルウェアを検知できなくなる。
　シグニチャがつくられるのは，マルウェアが検知されてからということになる。ではマルウェアはどのように検知されるかというと，従来の方法ではマルウェアの感染がある程度広がり，被害が認識された後である。よって，ある特定の組織内でのマルウェア活動や，感染が始まったばかりの時点では，マルウェアを検知できずシグニチャがとれないまま被害が広がってしまうことが懸念されてきた。
　そこで，プログラムのパターンだけに頼るのではなく，プログラムの振る舞いのパターンでマルウェアを判別する方法も導入されている。それは，攻撃されてもよい環境（サンドボックス）を仮想環境として構築し，その中で未確認ファイルや疑わしいファイルを隔離した上で動作させ，振る舞いを分析する方法である（**図3.3**）。このサンドボックスの結果はすぐにセキュリティ対策ソフトベンダーに通知され，シグニチャに反映される。
　セキュリティ対策ソフトは，無料のものから有料なものまで様々である。PCの動作要件も様々で，古いOSでは動かないものもある。自分のPCの環境に合致する適切なものを選択すべきである。また，マルウェアの検知能力は，AV-TESTやAV-Comparativesのベンチマークを参考にするとよい。
　市販のセキュリティ対策ソフトには，マルウェアスキャン以外にも，迷惑メールフィルタリング機能やWebサイトの安全性を事前に表示する機能，盗難時に遠隔でファイルをロックする機能などが付属している。これら付加機能も参考にした上で，自分がどのよう

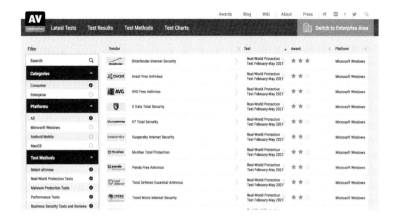

図3.4　AV-Comparatives によるテストランキング

一般ユーザ向けのセキュリティ対策ソフトとビジネス向けの検知機能を非営利組織がテストし，その結果を公開している。

https://www.av-comparatives.org/test-results/

AV-TEST は，検知機能だけではなく，パフォーマンスやユーザビリティの観点からも評価を行っている。

https://www.av-test.org/en/antivirus/home-windows/

に PC を使うかを考え，必要な保護レベルを判断し，適切なセキュリティ対策ソフトを選択すべきであろう。

3.1.3　ファイアウォール

ファイアウォールは，通過させてはいけない通信を火（Fire）にたとえ，ネットワークや PC を守る「防火壁（Firewall）」である。コンピュータとネットワークとの接続境界において，許可されたアクセスを通過させ未許可のアクセスを遮断するフィルタリング[4]の働きをする。それによって，外部からの不正侵入や DoS 攻撃，内部からの情報流出を防ぐ。

ファイアウォールは種類も実装の仕方も様々である。PC にインストールされているソフトウェアタイプのものと，PC とは独立した装置としてネットワーク上に設置するものとがある。前者は基本ソフトウェア（OS）に付属していることが多い。以下，いくつかのファイアウォールを取り上げる。

■狭義のファイアウォール

パケットのポート番号と IP アドレスで通信を制御する。Linux などで使用される iptables の仕組みを**図 3.5** に示す。パケットがポート（窓口）に送り込まれると，ファイアウォール（窓口担当者たち）がその通信を制御する。その制御の仕方はパケットを受信（INPUT）しアプリケーションへ渡すか否か，逆にアプリケーションから送信（OUTPUT）するか否か，他ポートへ転送（FORWARD）するか否かである。それらの指示はそれぞれの chains に条件とともにACCEPT（許可）/ DROP（拒否）で記されている。例えば，INPUT chains に "ACCEPT icmp anywhere 192.168.1.110 icmp echo-request" と記されていれば「192.168.1.110 への icmp echo-request

4）フィルタリング

フィルタリングは，パケットを監視して行うもの，アプリケーションのデータを監視して行うものがある。前者は狭義のファイアウォール，後者は Web アプリケーションファイアウォール（WAF）と呼ばれている。

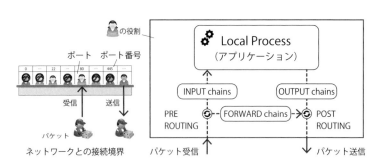

図 3.5　ファイアウォールの概念
　ネットワークとの接続境界を銀行のカウンターに，パケットの出入り口であるポートを窓口に，そしてポート番号を窓口番号に，そして窓口担当者たちがファイアウォールとしパケットを制御しているとする。その制御の仕方をiptables を模して示した。

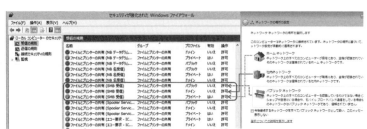

図 3.6　Windows のファイアウォール
　一般ユーザにわかりやすいようにポートではなく，アプリケーションごとに表示されている。また，パブリックを選択することでファイルとプリンタを共有するためのポートが閉じられるなど，ポートの開閉が自動化されている。

（ping のリクエスト）は，どこからのものでも受け入れる」というルールが適用され，ping のリクエストパケットは Local Process へ渡される。OUTPUT，FORWARD の chains も同様に条件とルールが記されている。もし拒否ルールがなければ ping echo（応答）が送信される。

　PREROUTING，POSTROUTING はそれぞれグローバル IP アドレスとプライベートアドレスとの変換などを実施するものである。ここでは詳細は省略する。

■ Windows のファイアウォール

　自分のネットワーク環境や使用するアプリに合わせて iptables を設定することは一般的には難しい。そこで，Windows では，「ネットワークに接続する場所」という設定であらかじめポートの開閉のパターンを用意し，それをユーザが選択する（**図 3.6**）形が採用されている。

■アプリケーションファイアウォール

　上記のファイアウォールでは，パケットの具体的な内容を監視できない。また，同じ IP アドレスを使っているユーザも，使用されている Web アプリの違いも区別できない。そこで，アプリケーションでやり取りされるデータを監視するのがアプリケーションファイアウォールである。これにより，ユーザにとってはクレジットカードや個人情報などの流出を検知できたり，サーバ管理者にとってはクロスサイトスクリプティングや SQL インジェクションなどの攻撃を防ぐことができる。

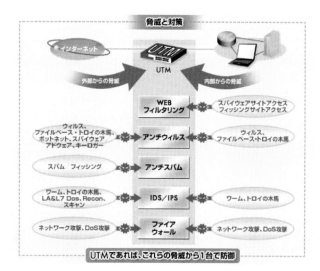

Unified Threat Management

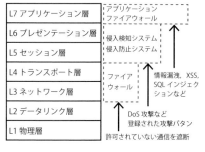

OSI 参照モデルの各層への攻撃と対策

| L7 アプリケーション層 |
| L6 プレゼンテーション層 |
| L5 セッション層 |
| L4 トランスポート層 |
| L3 ネットワーク層 |
| L2 データリンク層 |
| L1 物理層 |

アプリケーション
ファイアウォール

侵入検知システム
侵入防止システム

ファイア
ウォール

情報漏洩，XSS，
SQL インジェク
ションなど

DoS 攻撃など
登録された攻撃パタン
許可されていない通信を遮断

図 3.7　OSI 参照モデルの各
層への対策と UTM
　OSI 参照モデルの各層への
攻撃と対策は複雑である。
UTM のような総合対策装置
を使用した方が効果的と言え
る。UTM は毎月定額料金で
利用できる。
UTM の 図 は https://www.hs-
juniperproducts.jp/check/
utm.html より引用

■より高度で総合的な対策

　今までファイアウォールを OSI 参照モデルに対応させると**図 3.7**
のようになる。これらに加えて，あらかじめ登録しておいた攻撃パ
ターンを検知する侵入検知システム（Intrusion Detection System），
検知した攻撃を自動的に遮断する不正侵入防止システム（Intrusion
Prevention System）を L5 と L6 に追加することで，総合的な対策
を施すことができる。ただ，これらすべてを導入し管理することは
一般的には難しい。そこで，これらファイヤウォールや侵入検知シ
ステムによるマルウェア検知などの複数のセキュリティ機能を 1
つのハードウェアに統合した UTM（Unified Threat Management）
ネットワークをゲートウェイに設置する方法もある。これによって，
総合的に堅固な対策を自動的に実現できる。

3.1.4　バックアップ

　何かあったときのために，あらかじめデータのバックアップを
とっておくことも重要である。バックアップのための高性能な専用
ソフトもいくつか販売されているが，基本的なものであれば OS に
付属している [5]。これらを使い，PC の設定や特定ファイル，フォ
ルダまたはコンピュータ全体を外付けのハードディスクへバック
アップしておき，もしものときは復元する。

　さて，バックアップの方法には大きく分けて完全バックアップ，
差分バックアップ，増分バックアップの 3 つがある（**図 3.8**，**表 3.1**）。

5）OS に付属している
　MacOS であれば「Time
Machine」，Windows で あ れ
ば，コントロールパネルの
「バックアップと復元セン
ター」。

図3.8　3種類のバックアップ形式
　データがA→AB→ABCと増えたとき，その都度に全部が複製されるのが「完全バックアップ」，元からの差分だけを付け加えていくのが「差分バックアップ」，増えた分だけを付け加えていくのが「増分バックアップ」である。

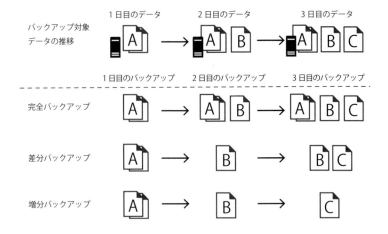

表3.1　バックアップの種類
　大きく分けて3種類ある。それぞれに長所と欠点がある。

バックアップ形式	特　徴	長　所	短　所
完全バックアップ	一度にすべてのデータを複製する。	バックアップデータは一か所にあるので復元が容易。	すべてをバックアップするので時間がかかる。
差分バックアップ	完全バックアップしたものから変更追加された部分のみを複製する。	短時間でバックアップ可能。	バックアップごとにバックアップデータが大きくなってくる。
増分バックアップ	前回のバックアップと比べて変更追加されたデータのみを複製する。	極めて短時間でバックアップ可能。	再バックアップを重ねるごとに増分バックアップファイルが増え，復元にも手間がかかる。

　OSに付属しているバックアップ機能は，自動的に最適なものを選び実行されることから，これらの違いをほとんど意識することがなくなっている。

　バックアップの際には，下記に留意すべきである。

・バックアップは，復旧計画を明確にしてから実施すること。

・バックアップの対象は，ファイル，フォルダ，コンピュータ全体と選ぶことができる。バックアップスケジュール，バックアップ先の容量，復旧計画から総合的に検討すべきである。

・バックアップ先は，容量，バックアップの方法，トラブルに巻き込まれにくさから適切なものを選ぶべきである。バックアップ先によっては差分が取れないこともあるので注意が必要である。

認証の方法	例	長　所	短　所
知識を利用	暗証番号，パスワード，秘密の質問	実装が容易	忘れる危険性がある，類推が可能
持ち物を利用	磁気カード，IC カード	偽装が困難	なくする可能性がある，特別な読取装置が必要
身体的特徴を利用	指紋，声紋，虹彩，網膜パターン，静脈，顔パターン	偽装が困難，確実性が高い	プライバシーに抵触する，変更が困難，特別な装置が必要

表 3.2　ユーザ認証の種類
　それぞれ長所と短所がある。堅固であるだけではなく使いやすさも重要である。守りたい情報が何かによって，適切なものを選択すべきである。

- バックアップのスケジュールは，バックアップの方法とともにルール化しておくこと。
- バックアップからの復旧は必ずテストを行うこと。バックアップの仕方や保存先によっては，一部しか復旧しない場合もある。

3.1.5　ユーザ認証

　PC やネットワークを使用しようとしている人が，その資格をもっているかどうかを検証する技術である。そこで使われている認証方法には，大きく分けて 3 つの方法がある。それぞれの特徴，長所と短所を**表 3.2** にまとめた。

　ID とパスワードによる認証は，知識を利用したもので，設定や変更が容易である反面，パスワードを適切に管理できるかが課題である。

　持ち物を利用した認証方法として，トークンを利用した「ワンタイムパスワード」[6] がある。キーホルダーやカードタイプのもので，パスワードが一定間隔で液晶に表示され，それがサーバのものと同期している。また，特定のスマートフォンを登録しておき，そこにショートメッセージ（SMS）でパスワードを送り，それを PC などに入力する仕組みもある。

　身体的特徴による認証は，偽装が困難で紛失することもないが，漏えいした場合に変更が難しい。また，身体的特徴のどの部分をデータ化し検証に利用しているのかが利用者側に知らされない場合が多い。生体情報は個人を特定する情報でもあるので，扱い方次第ではプライバシー侵害につながる可能性もある。

■多要素認証と多段階認証

　表 3.2 のどの認証方法も一長一短であること，1 つの認証が破られた場合にそなえて，実際の認証には複数の方法を組み合わせた方

6）ワンタイムパスワード
　下図は RSA セキュリティ株式会社のワンタイムパスワードトークン。液晶にサーバーのパスワードが表示され，それが 60 秒ごとに変化する。（写真提供：RSA セキュリティ株式会社）

図3.9 多段階認証と多要素認証

①は2段階で認証しているが，ともに知識を利用しているので多段階ではあるが，多要素ではない。②は2段階であり，知識と身体的特徴という異なる認証方法を使用していることから，多段階認証であり多要素認証でもある。③は多要素ではあるが，それらを1回の認証で使用するので多段階認証ではない。

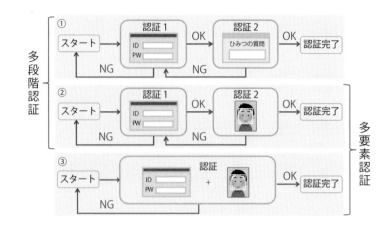

がよい。多要素認証は，複数の「異なる原理」の認証方法を組み合わせることで，精度と安全性を高める。一方，多段階認証は，1つの認証を通過した後でさらに認証を行うことで，精度と安全性を高める方法である。これらの認証は，まったく異なる視点に基づくものであるから，組み合わせると**図3.9**の①②③となる。この中では②が認証の精度と安全性から評価が高いだろう。

■安全なパスワード

パスワードは，ユーザが多用する認証方法である。そこで，安全なパスワードとその管理についてまとめる。まず，安全なパスワードを作成するには，次の点に注意する。

- 本名，ユーザ名，会社名は使わない
- よく使われている語句，人名，物の名前など一般の辞書にある言葉は使わない。
- 1234やaaaaなどの単純な記号列，qwertyのような隣り合っているキーボード列は使わない。数字，英小文字，英大文字，＃＄％＆など特殊文字を混ぜ合わせて複雑なものとする。
- 文字数は，システムが推奨する長さ以上にする。

以上のような条件を満たすパスワードを作成するのは手間である。自動的に生成してくれるWebサービスなどを利用するのもよい手段である。

同じパスワードを別のサービスの認証でも使うなど，パスワードの使い回しは避けるべきである。管理の甘いサーバからパスワードを入手し不正侵入に使う攻撃（パスワードリスト攻撃）の被害に遭う可能性があるからである。また，パスワードは定期的に変更した方が安全[7]である。ただし，定期的に変更することでパスワード

7）パスワードは定期的に変えた方が安全
一般的に，総当たり攻撃や類推攻撃に対しては，システムが推奨する長さ以上のパスワードであれば解析される可能性は低い。しかし，パスワードがサーバ側やユーザ側から漏れてしまった場合は危険である。また，流出してしまいダークウェブで売買されていても，それが検知されにくい。防衛のため，重要な情報に関するパスワードは定期的に変更すべきである。
ただ，具体的にどのくらいの間隔で変更すべきか理論的には定かではない。各自がマイルールを設けて変更するしかないと思われる。

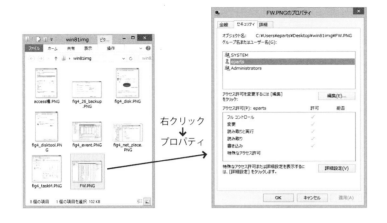

右クリック
↓
プロパティ

図3.10　ファイルのアクセス制限
　Windowsでは，PCを複数のユーザで使用する場合，ファイルやフォルダのアクセス制限を右クリックし「プロパティ」の「セキュリティ」で設定できる。

がパターン化してしまい，類推されやすくならないように注意が必要である。特に，パスワードを変更した方がよい場合を以下にあげる。

- 実際にパスワードを破られアカウントが乗っ取られたり，サービス側から流出した事実がある場合。
- パスワードリスト攻撃などの危険性が生じた場合。
- コンピュータの処理能力が向上し，現在のパスワードが弱くなった場合。
- 上記にかかわらず，需要な情報のパスワードは定期的に変えた方がよい。

　以前は，パスワードはメモしてはいけないというのが常識であった。しかし，ユーザがこれだけ多くのパスワードを使用している現状から，この保管方法は妥当とは言えない。暗号化された書類に記録する，パスワード管理ツールを使用するなどが現実的なところであろう。その際，マスターパスワードはより安全なところ[8]に保管すべきである。

8）より安全なところ
　一例としては，マスターパスワードは「紙に記入し財布の中」など。

3.1.6　その他の対策

　下記もユーザにとって有用な対策である。

■クライアント認証

　そのPCがネットワークを介してサーバに接続してよいかを検証する。IPアドレスやMACアドレスを使う方法やデジタル証明書を使う方法がある。前者は偽装が比較的容易であるので，デジタル証明書が望ましいが，費用がかかることから一般的には普及していない。

■アクセス制御

このファイルは「Aさんは読めるが修正はできない」「Bさんは修正できる」というように，ファイルやフォルダへのアクセスを制御できる。Windowsの場合，画像ファイルのアクセス制限を例に取ると，ファイルのプロパティなどでユーザの権限を表示変更できる。管理者であれば，表示されているユーザの権限を「フルコントロール」や「読み取りのみ」，「アクセス不可」まで制御できる（**図3.10**）。

■管理者と一般ユーザの使い分け

管理者と一般ユーザとの主な違いは以下の通りである。

- ・管理者

  パソコンのすべてを管理できる強い権限をもっている。PC全体で使うようなソフトウェアのインストールやアンインストールと設定，ユーザの追加と削除，すべてのユーザのパスワードの変更などが可能。

- ・一般ユーザ

  自分の使用範囲での権限をもっている。自分だけで使うことができるソフトウェアのインストールやアンインストールと設定，メールの設定と送受信，自分のログインパスワードの変更などが可能。

多くのOSには「ユーザアカウント制御（UAC）」があり，一般ユーザとしてPCを使用していても，管理者のIDとパスワードがあれば，その場で一時的に管理者権限をもつことができるようになっている。マルウェアの多くは管理者権限の下でないと動かないことが多い。日頃は一般ユーザで使用し，必要に応じて管理者になる使い方が安全と考えられる。

■プライバシーの消去

WebブラウザにはWebサイトの閲覧履歴，閲覧情報（クッキー），入力フォーム履歴，パスワードなどが保存される。他人のPCを借用して作業を行った場合などは，返却する前に削除しておくべきである。なお，最近のWebブラウザでは，「プライベートブラウジング」など履歴を残さない閲覧方法がオプションで用意されていて，それを活用する方法もある。

また，WordやExcelには文書作成者情報が保存されている。他人の文書を参考にして書類をつくった場合，他人の情報が残っている場合があるので注意が必要である。

■拡張子の表示

　Windows では拡張子は大きな意味をもっている。ファイルをどのアプリケーションで開くかは，拡張子によって決まる。

　アイコンを偽装して，プログラムをテキストファイルや動画ファイルに見せかけてクリックさせ，マルウェアに感染させようとする場合が多い。日頃から拡張子を表示させ，正しいファイルかどうかに気を配ることが必要である。

▶▶▶ 3.2
暗号の活用

　暗号（Cipher）あるいは暗号化（Encryption）とは，Wikipedia によれば，「第三者が通信文を見ても特別な知識なしでは読めないように変換する」方法である。デジタル社会では，暗号はこのように情報を秘匿するためだけではなく，なりすましを防ぐためにも使われている。現代においては不可欠なものとなっている。ここでは，現在使用されている暗号の仕組みを概説する。

3.2.1　暗号の種類

　暗号についてより理解するため，何を暗号化するか，どのような仕組みで暗号化するかを整理する。

■現代暗号の基本原理「シーザー暗号」

　暗号の起源は紀元前 19 世紀まで遡るという。その歴史の中で，『ガリア戦記』（紀元前 58–51 年）に記されている「シーザー暗号」には，現代暗号で使われている暗号の概念がすでにあったと言われている。簡単な例を示そう（**図 3.11**）。平文「BOOK」を鍵「2」を使って「DQQM」と暗号化し，解読の際にも鍵「2」を使って復号する。この鍵を使って文字を置き換えていくという暗号の仕組みは，私たちが現在使用しているもののベースになっている。

■暗号化の対象

　暗号は，通信のみならずファイルの記録媒体にも使用されている。通信では，仕組み上暗号化が一部の通信のみに止まる場合もある。

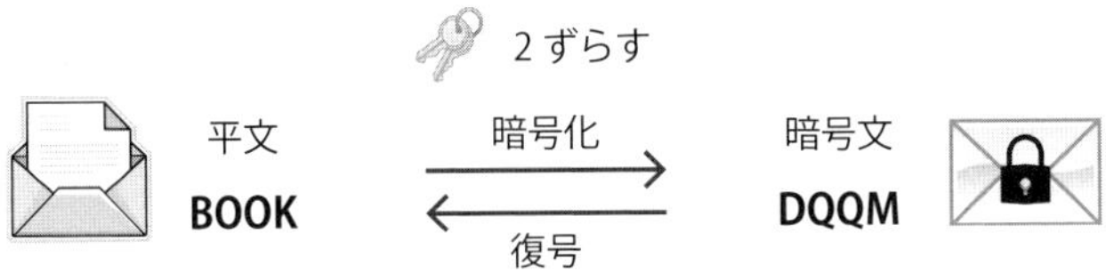

平文　　　暗号化 →　　　暗号文
BOOK　　← 復号　　　　DQQM

2 ずらす

図 3.11　シーザー暗号
　「BOOK」は暗号化されていない元の文で「平文」という。「BOOK」の各文字を 2 つずらすことで暗号化した「DQQM」を「暗号文」という。暗号文を解読するには 2 つ戻す。これを「復号」という。このとき「2」が暗号の鍵となる。

表 3.3　暗号の対象
　表には入れなかったが，TCP/IP 層で暗号化される範囲を比べてみると，SSL/TLS 通信はアプリケーションのデータが，IPSEC-VPN 通信は IP パケットのデータが暗号化される。暗号によって，TCP/IP のどの層のデータが暗号化されるかは異なる。

暗号化される対象		具体的な暗号化の例
個別のファイルなど		Word などのファイルの暗号化，個別のメールと添付ファイルの暗号化，特定のフォルダの暗号化，USB メモリやハードディスク全体の暗号化
通信	特定の相手との通信	Web サーバやメールサーバとの SSL/TLS 通信，IPSEC-VPN 通信
	通信路全体	無線 LAN の暗号通信（WEP，WPA，WPA2，WPA3）

暗号化通信によって暗号化される対象が異なることを**表** 3.3 に示す。

　暗号化されたファイルはユーザが復号するまでは暗号化されたままである。一方，無線 LAN の暗号通信は，無線通信の箇所のみが暗号化されるのであって，無線通信の経路を出た瞬間に復号される。通信相手の無線 LAN が暗号化されていなければ，通信を盗み見することは可能となる。また，Web でよく使用されている SSL/TLS 通信は，特定のサーバとブラウザ間の通信が暗号化されているのであって，すべての Web サイトとの通信が暗号化されているわけではない。暗号がどの範囲でなされているかを見極めることは重要である。

■暗号の方式，共通鍵暗号と公開鍵暗号

　数々の暗号アルゴリズムが開発され使用されている。これらは共通鍵暗号と公開鍵暗号に大別される。それぞれの特徴を**表** 3.4 に示す。

表 3.4　共通鍵暗号と公開鍵暗号の比較
　共通鍵暗号方式は鍵の受け渡しが必要であるが，暗号化復号には排他的論理和（XOR）関数が使われ処理速度は速い。一方，公開鍵方式は鍵の受け渡しが不要であるが，暗号化復号の計算は複雑で処理速度が遅い。SSL/TLS は，これらの長所と短所を組み合わせたものである。
　暗号の方式や強度についての最新情報は下記の電子政府推奨暗号リストを参照。
CRYPTREC
http://www.cryptrec.go.jp/

比較項目	共通鍵暗号	公開鍵暗号
代表的な方式	RC4，DES，AES，Camellia	RSA，楕円曲線暗号
暗号鍵の関係	暗号鍵＝復号鍵	暗号鍵≠復号鍵
秘密鍵の配送	必要	不要
安全な認証	困難	容易
暗号化速度	速い	遅い
主な用途	データの暗号化	電子認証，鍵の配布

　共通鍵暗号は，シーザー暗号のように暗号化と復号の際に使用する鍵が共通のものである。その中でも AES（Advanced Encryption Standard）は世界標準の暗号として，ファイルの暗号化から無線 LAN 通信まで幅広く用いられている。その特徴は平文を 128 bit ずつブロック化しそこに鍵をあて暗号化していく。鍵の長さは 128，192，256 bit の 3 種類から選べる。平文のブロックに対してその都度鍵を生成し 10 から 14 回あて暗号化するなど堅固なアルゴリズムである。また，暗号化速度もはやく優秀な暗号である。その一方

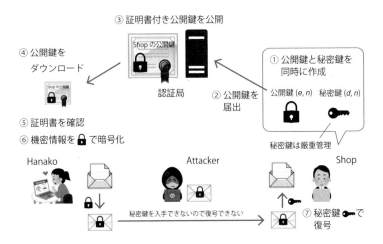

③ 証明書付き公開鍵を公開

Shop の公開鍵

認証局

④ 公開鍵を
ダウンロード

Shop の公開鍵

⑤ 証明書を確認

⑥ 機密情報を🔒で暗号化

① 公開鍵と秘密鍵を
同時に作成

公開鍵 (e,n)　秘密鍵 (d,n)

② 公開鍵を
届出

秘密鍵は厳重管理

Hanako　　　　　　Attacker　　　　　　Shop

秘密鍵を入手できないので復号できない　　⑦ 秘密鍵🔑で
復号

図 3.12　公開鍵暗号の仕組み

公開鍵と秘密鍵のイメージは，図のように施錠専用の錠前と開錠専用の鍵に近い。このどちらかを公開し，一方は秘密にする。同時につくられた 2 つの鍵のうち，どちらを公開するかは任意である。ただし，いったん公開した鍵は，秘密鍵と途中から交換することはできない。

で，暗号化のための鍵を相手にどうやって渡すのかという鍵の配送問題を抱えている。

公開鍵暗号は，代表的なものとして RSA[9] や楕円曲線暗号などがある。これらは鍵を 2 つに分け，それぞれに暗号化と復号の機能を割り当てることで，鍵の配送問題を解決しようとするものである。その概要を**図 3.12** で示す。Hanako 側から Shop へ機密情報を送る場面を想定すると，公開鍵暗号は次の①〜⑦の流れで使用される。

① Shop は，自身の鍵 (e,n) と (d,n) を，PC や IC カードの中で同時に 1 組作成する。その際一方から他方が生成されないように，そして，2 つの鍵は 1 対 1 の関係で，(e,n) で暗号化したものは (d,n) 以外では復号できない[10]ように鍵 (e,n) と (d,n) を生成する。

②生成した鍵のうち公開鍵 (e,n) を，鍵を管理する組織「認証局」へ届ける。一方，秘密鍵 (d,n) は Shop で漏えいしないように厳重に管理する。

③公開鍵 (e,n) が偽装されないように，証明書[11]とともに「Shop の公開鍵」としてインターネットで公開する。

④ Shop へ機密情報を送りたい Hanako は，Shop の公開鍵 (e,n) をダウンロードする。

⑤ Shop の公開鍵の証明書が偽装されていないかを確認する。もし偽装が見つかった場合は，ここで処理を止める。

⑥ Hanako は，Shop 宛の機密情報を Shop の公開鍵 (e,n) で暗号化し Shop へ送信する。

⑦ Shop の公開鍵 (e,n) で暗号化された暗号文は，(e,n) とペアとなっている秘密鍵 (d,n) をもっている Shop のみが復号できる。攻撃者（Attacker）が通信の途中でデータを取得して

9）RSA 暗号

RSA 暗号は，1977 年にロナルド・リベスト（Ron Rivest），アディ・シャミア（Adi Shamir），レオナルド・エーデルマン（Leonard Adleman）によって発明された。この 3 人の頭文字をとって「RSA」と呼ばれる。この 3 人の力によって公開鍵暗号がはじめて実装された。

10）(e,n) で暗号化したものは (d,n)

RSA では，(e,n) で暗号化したものは (d,n) だけで復号でき，(d,n) で暗号化したものは (e,n) だけで復号できるというシンメトリー以外では復号できないということ。

11）証明書

認証局が，(e,n) が Shop のものであることを証明するもの。その仕組みや正しさを確認する方法など詳しくは後ほど述べる。

も秘密鍵（*d,n*）をもっていないので復号できない。

以上のやり方をすれば，鍵を配送することもなく暗号通信が可能となる。

その一方で，暗号化⑥と復号⑦は，そのアルゴリスムは複雑であることから時間がかかってしまうという欠点がある。RSA の場合，送信したい平文を a とし，公開鍵（*e,n*），秘密鍵（*d,n*）とした場合，暗号文 b は次の式で計算される [12]。

$$暗号文\ b = a^e\ mod\ n$$

ここで，x mod y は「x を y で割った余り」を表す。復号は下記の式で同様に計算される。

$$平文\ a = b^d\ mod\ n$$

公開鍵暗号は，鍵の受け渡しの必要はないが，このように計算が複雑であることから暗号化の速度が落ち，結果として通信を遅延させてしまう。そこで，公開鍵暗号と共通鍵暗号のいいとこ取りをする方法が取られる。その代表が SSL/TLS である。以下，これについて説明する。

12）暗号文の計算の具体例
　平文を 5，公開鍵を（3,33），秘密鍵を（7,33）とすると，暗号文は $5^3\ mod\ 33 = 26$ なる。同様に，26 を復号する式 は，$26^7\ mod\ 33 = 5$ となる。

3.2.2　SSL/TLS

SSL/TLS は，通信相手の認証，通信内容の暗号化，改ざんの検出を提供するプロトコルである。Web サイトに個人情報などを入力する際に，その URL が https:// で始まるものに変わり，暗号通信が始まる。そこで使用されているプロトコルである。単に，SSL（Secure Sockets Layer）と呼ばれることが多い。しかし，SSL は SSL3.0 に脆弱性が発見され，2015 年以降，使用は推奨されていない。TLS（Transport Layer Security）は SSL の後継にあたる。SSL と TLS は厳密には異なるプロトコルであるが，基本的なところは同じであることから SSL/TLS と呼ばれることが多い。

SSL/TLS は，Web サーバとブラウザ間でまず公開鍵暗号を用いて相手を確認しながら共通鍵を交換する。次に，その共通鍵を使いデータの暗号通信を行うという 2 段階の通信である。これによって，鍵を配送することなく，かつ，公開鍵暗号を使用する回数を最小限度にすることで暗号化速度を下げることなく秘匿通信が可能となる。ここで，お互いが共通鍵を交換するまでの過程を「ネゴシエーション」という。ネゴシエーションの概略を**図 3.13** に示す。

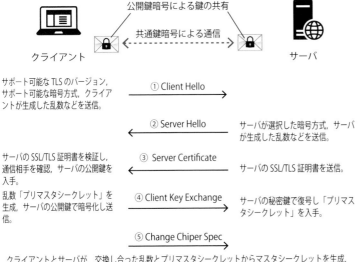

図 3.13　SSL/TLS のネゴシエーション

　サーバとクライアント（ブラウザ）は，まず暗号なしにお互いに乱数を交換し合う。次に，ブラウザは，「プリマスタシークレット」と呼ばれる乱数を生成し，それをサーバの公開鍵を使いサーバへ送る。次に，先にお互いに交換しあった乱数とプリマスタシークレットから共通鍵をそれぞれがつくり出す。暗号のアルゴリズムやバージョンも共有していれば，同じ共通鍵をそれぞれでつくることができる。この方法で，共通鍵を交換しあう。

　なお，ここでは概略を説明することを優先し詳細は略した。

3.2.3　デジタル証明書

　SSL/TLS 通信では，サーバの公開鍵が本物であることを検証する必要がある。そのために，サーバの公開鍵のデジタル証明書（digital certificate）または電子証明書（electronic certificate）を使用する。広く普及しているデジタル証明書として，ITU-T [13] が定めた X.509 がある。これは，公開鍵の証明書の標準形式や証明書の正しさを証明する手順（証明書パス検証アルゴリズム）などを定めている。以降，これについて説明する。

■デジタル証明書の標準形式

　証明書の一例を**図 3.14** に示す。X.509 が定めている公開鍵証明書には次の項目が含まれている。

- バージョン：X.509 証明書のバージョン
- シリアル番号：証明書の発行者より割り振られた正の整数
- 署名アルゴリズム：発行者が署名する際に使用したアルゴリズム
- 証明書発行者
- 証明書の有効期間
- サブジェクト名：主体者名，証明書の所有者名
- サブジェクトの公開鍵情報：証明書の所有者
- 拡張情報：鍵の使用目的など

証明書は認証局（Certification Authority）という特別な組織が発

13）ITU-T
国際電気通信連合（International Telecommunication Union）の電気通信標準化部門。主に有線の電気通信に関する技術の標準化を担当する部門。

図 3.14 デジタル証明書の標準形式
ブラウザの URL に現れる鍵マークをクリックして証明書を表示できる。

証明書は，発行者名，有効期間，証明書のバージョンやシリアル番号，署名のアルゴリズムなど証明書の仕様にかかわる情報，公開鍵や所有者など証明される内容，そして証明書の正しさを証明する署名からなる。署名は日本の習慣では押印である。

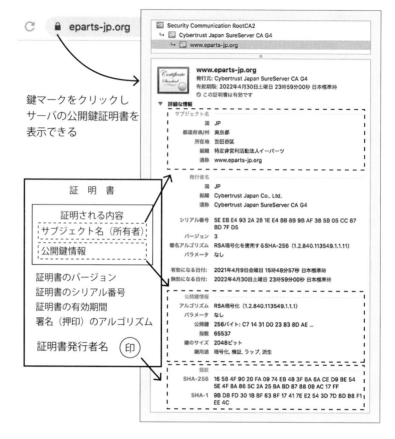

鍵マークをクリックしサーバの公開鍵証明書を表示できる

行する。そして，リポジトリというデータベースで，この証明書を集中管理するとともに，証明書失効リストや認証局運用規約も公開する。

■**デジタル認証の仕組み**

デジタル証明書を使用した認証の仕組みをデジタル認証（digital authentication）という。ここでは，デジタル証明書の発行および確認をまとめ，デジタル認証の仕組みを整理する。

さて，デジタル証明書に限らず，大学の成績証明書など従来の紙でできた証明書でも，その真贋は次の2点で確認される。

・発行元は正しいか
・証明書は改ざんされていないか

その上で，その証明書のサブジェクト名が証明書の使用者と一致するか，例えば Web サーバの公開鍵証明書の場合，サブジェクト名がドメイン名と一致しているかが確認された上で公開鍵が使用される。

デジタル証明書の発行は次の手順で行われる。それを**図 3.15** に

示す。今，証明書 M が Web サーバ www.eparts-jp.org の公開鍵証明書とする。

①証明書 M のハッシュ値 [14] を計算する。その際使用されるハッシュ関数 h は証明書の「署名アルゴリズム」に記載されているものを使用する。図 3.14 では SHA-256 を使用している。

②証明書 M の発行者である認証局 CA の秘密鍵で暗号化する。ここで，認証局 CA の秘密鍵は認証局 CA だけが使用できる。よって，$CA\{h(M)\}$ は認証局 CA だけが生成できることになる。

③ $CA\{h(M)\}$ は証明書 M になされる署名または押される印影にあたる。紙の証明書の場合，これらは紙から分離することができない。デジタル証明書の場合は，証明書 M に $CA\{h(M)\}$ を添付するのみである。

④③の署名された証明書が送信される。証明書 M は改ざんされている可能性があるので M' とする。

⑤③から署名・印影の部分 $CA\{h(M)\}$ が取り出され，認証局 CA の公開鍵で復号できるかを確認する。もし復号に成功した場合，$CA\{h(M)\}$ は認証局 CA の秘密鍵によって暗号化されたものであることが確認される。これは，署名・押印は認証局 CA でなされたこと，つまり $CA\{h(M)\}$ の出所は認証局 CA ということとなる。

⑥⑤で復号されたデータは，$CA^{-1}\{CA\{h(M)\}=h(M)$ より，オリジナルの証明書 M のハッシュ値となる。

⑦送信された証明書 M' のハッシュ値を①と同じハッシュ関数 h で計算する。

⑧⑦の結果を $h(M')$ とする。

⑨⑥の $h(M)$ と⑧の $h(M')$ の値が同じであれば，送信されてきた証明書 M' はオリジナルの M と同じもので改ざんされていないことが判明する。証明書 M' に改ざんがあることが判明した場合は，証明書 M' は廃棄する。

■認証のチェーン

図 3.15 では，復号に使用した認証局 CA の公開鍵証明書が正しいものであることを前提とした。しかし厳密には，その公開鍵証明書が正しいことも証明されなければならない。SSL/TLS では，これを証明書の階層構造で解決する。その構造を図 3.16 に示す。

www.eparts-jp.org の公開鍵証明書を Cybertrust の中間認証局が発行し，Cybertrust の中間認証局の秘密鍵で署名されている。その

14）ハッシュ値

ハッシュ関数の値で，要約値とも言われる。ここでハッシュ関数とは要約関数とも呼ばれ，任意のデータから固定長の値をとるものである。

ハッシュ関数としては，SHA-1，SHA-256，MD5 などがある。

例えば，Unix 系の OS では，「0123456789」のテキストファイル demo.txt のハッシュ値を sha256 で計算する場合，次のように 256 bit の文字列が出力される。

>shasum -a 256 demo.txt
>84d89877f0d4041efb6bf91a16f0248f2fd573e6af05c19f96bedb9f882f7882

ここで，demo.txt を「1234567890」に変更すると「c775e7b757ede630cd0aa1113bd102661ab38829ca52a6422ab782862f268646b38829ca52a6422ab782862f268646」が出力される。このようにファイルのわずかな変更を検知できる。なお，ハッシュ値から元の数字に戻すことはできない。この特徴を利用し，パスワードの保存など暗号としても利用される。

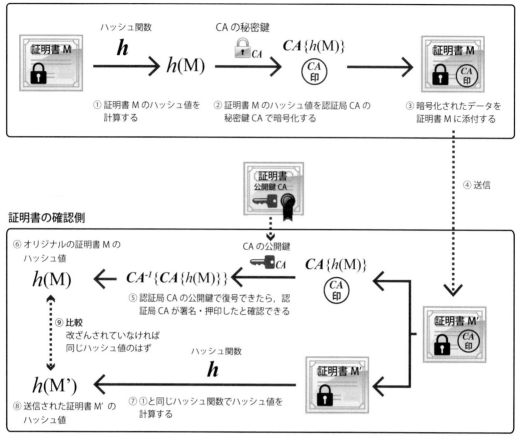

証明書の発行側

ハッシュ関数 **h** → $h(M)$ CAの秘密鍵 $CA\{h(M)\}$

① 証明書 M のハッシュ値を計算する

② 証明書 M のハッシュ値を認証局 CA の秘密鍵 CA で暗号化する

③ 暗号化されたデータを証明書 M に添付する

④ 送信

証明書 公開鍵 CA

証明書の確認側

CAの公開鍵

⑥ オリジナルの証明書 M のハッシュ値
$h(M)$ ← $CA^{-1}\{CA\{h(M)\}\}$ ← $CA\{h(M)\}$

⑤ 認証局 CA の公開鍵で復号できたら，認証局 CA が署名・押印したと確認できる

⑨ 比較
改ざんされていなければ同じハッシュ値のはず

ハッシュ関数 **h**

$h(M')$ ← 証明書 M'

⑧ 送信された証明書 M' のハッシュ値

⑦ ①と同じハッシュ関数でハッシュ値を計算する

図 3.15　デジタル証明書
　ここでは証明書 M を M とし，そのハッシュ値を **h**(M) と表す。**CA** を CA の秘密鍵で暗号すると，**CA**{**h**(M)} は，証明書 M のハッシュ値を CA の秘密鍵で暗号化したものとなる。これが署名または印影となる。
　認証局 CA の公開鍵の証明書が正しいものとすると，公開鍵での復号は **CA⁻¹** となる。署名・印影を復号すると
　　CA⁻¹{**CA**{**h**(M)}}=**h**(M)
となり，①で計算したハッシュ値が出てくる。

署名の正しさを Cybertrust の中間認証局の公開鍵証明書が証明する（**図 3.16** の①）。Cybertrust の中間認証局の公開鍵証明書は SECOM のルート認証局が発行し，SECOM のルート認証局の秘密鍵で署名されている。その署名の正しさを SECOM のルート認証局の公開鍵証明書が証明する（**図 3.16** の②）。そして，SECOM のルート認証局の証明書は，SECOM のルート認証局自身の秘密鍵で署名され，その正しさは自分自身で証明する（**図 3.16** の③）。ルート認証局の証明書の正しさは，ルート認証局の証明書が OS とともにすでにシステムに入っているか，ユーザがその正しさを確認した上でインストールすることで担保される。逆に言えば，ルート認証局の証明書をインストールする場合には細心の注意が必要ということになる。

　このような認証局の階層構造のうち，どこかの証明書に期限切れなどの問題が生じ認証のチェーンが切れた場合は，ブラウザに「セキュリティ証明書の期限が〇〇日前に切れています」「この接続は

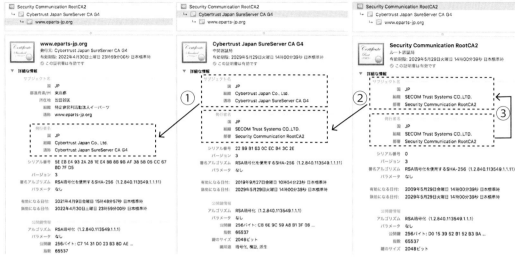

図 3.16　証明書の階層構造
　左から，www.eparts-jp.org，Cybertrust の 中 間 認 証 局，SECOM のルート認証局の公開鍵証明書。紙面の都合上，公開鍵や署名についての記載は省略しているが，サブジェクト名と発行者名から，www.eparts-jp.org の公 開 鍵の証明書の正しさをCybertrust の中間認証局の証明書が，そ の Cybertrust の中間認証局の証明書の正しさを SECOM のルート認証局の証明書が証明していることが読み取れる。

プライバシーが保護されません」のようなエラーメッセージがでる。その場合はアクセスしない方がよい。

■ SSL/TLS サーバ証明書検証手順

　先のような証明の仕組みは，下記の①〜⑥の流れの中に実装される。

① SSL/TLS サーバ証明書の有効期限を確認する。

② SSL/TLS サーバ証明書の root 証明書が信頼できる root 証明書リストに含まれるかを確認する。

③ SSL/TLS サーバ証明書は信頼できる root 証明書に基づいて発行されたことがわかる。

④ SSL/TLS サーバ証明書へ認証局 CA が行った署名を CA の公開鍵を使い検証 [15] する。

⑤ SSL/TLS サーバ証明書の記載内容が信頼できる。

⑥ SSL/TLS サーバ証明書の記載されているホスト名と，実際に接続しているホスト名が一致しているかを確認。

以上を経て，クライアント（ブラウザなど）は，SSL/TLS サーバ証明書を検証し，サーバが偽装されていないことを確認する。そして，クライアントとサーバとの安全な接続が確立される。

■証明しているものは何か

　サーバの公開鍵証明書を例にすると，デジタル証明書は公開鍵だけではなく，サブジェクト名の項目にて組織の属性についても証明している。**図 3.17** は，証明書が組織についてどこまで証明しているか，その違いを示している。**図 3.17** の左側の証明書は，公開鍵

15）署名を CA の公開鍵を使い検証
　前述の「デジタル認証の仕組み」および図 3.15 で説明した内容がこれにあたる。

　左の証明書のサブジェクト
名にはドメイン名のみ記載さ
れている。一方，右の証明書
には，団体の所在地や組織名
まで記載されている。証明さ
れている内容が異なる。これ
は証明書のランクの違いであ
る。

が www.japan.**** のドメインのものであることのみを証明してお
り，運営組織については何も記載されていない。一方，右の IPA の
証明書は，ドメイン名に加え運営組織が東京都文京区の IPA である
ことも証明している。この 2 つの Web サイトは，同じ https:// で
あっても信頼性という面では差がある。

　この違いは，認証局が証明書を発行する際に，その組織について
どこまで確認をしているかによる。無償で証明書を発行する認証局
では，ドメインの管理権限については確認しても組織の実在性につ
いては確認しないことが多い。証明書の種類とそれぞれの発行基準
を表 3.5 に示す。

　最近のフィッシングサイトやフェイクサイトなどで鍵マークがつ
いているものがある。これは，無料の DV 証明書を悪用しているも

表 3.5　証明書の種類
　DV 証明書はドメイン名の
管理者であることを確認し発
行される証明書（Domain
Validated certificate)，OV 証
明書は組織の実在することを
確認してから発行された証明
書（Organization Validated
certificate)，EV 証明書は特
に厳密に組織の実在性を確認
して発行されたものである。
　証明書の種類によって，証
明される内容が異なる。「URL
に鍵マークがついているから
詐欺サイトではない」とは簡
単には言えない。

種類	DV 証明書	OV 証明書	EV 証明書
認証	ドメイン認証	ドメイン認証，組織の実在認証	
発行基準	ドメイン管理権限を確認。組織情報の確認や，認証局からの電話はない。	組織情報の確認や，認証局からの電話あり。	OV よりも厳格な審査。
特徴	SSL 証明書の属性に，組織情報が設定されていない。	SSL 証明書の属性に，組織情報が設定されている。	SSL 証明書の属性に，組織情報が設定されている。ブラウザのアドレス欄をグリーンにすることができる。
なりすまし	組織の実在を確認できない	サイト運営者なりすまし防止としても有効。	

のが多い。「https:// であればなりすましはない」と簡単に判断するのではなく，URL の鍵マークをクリックして証明書を表示させ，組織についての情報を確認する必要がある。

■伝統的な印鑑文化との融合

デジタル署名を用いた認証手順が，従来の紙と実印を使ったものとあまりにもかけ離れていると業務に支障が生じる。そこで，公開鍵と秘密鍵を実印に見立て，大枠では従来の手順とそれほど変わらないように配慮されている。A さんが契約書に押印する場合で比較したものを**表** 3.6 に示す。

このように，署名（押印）と印の確認，偽装を検知する手続きは双方で大きく違うが，実印を公開鍵と秘密鍵へ，法務局を認証局へ，印鑑証明書を公開鍵の証明書へ読み替えれば，従来の実印を使った業務の手順がそのままデジタルの印を使ったものとして使用できる。ここではふれていないが，印鑑証明書と公開鍵の証明書の正しさをそれぞれの上位組織発行の証明書で確認される点などでも共通点がある。電子印鑑が社会になじむように工夫されている。

3.2.4　デジタル社会と暗号

暗号技術はデジタル社会にとっては必須な技術である。暗号技術の変化は，私たちの生活に少なからず影響を及ぼすと思われる。ここでは，それについて考察してみる。

■公開鍵基盤（Public Key Infrastructure）

主に公開鍵方式の暗号技術を用いた，身元保証や情報機密性確保など信頼できる情報交換を実現する仕組みで，厳密には認証局と

場面	実印	電子印鑑（電子署名）
作成	A さんの<u>実印</u>をつくる。	A さんの<u>公開鍵</u>と<u>秘密鍵</u>をつくる。
届出	A さんの実印を<u>法務局</u>へ届け，<u>印鑑証明書</u>をもらう。	A さんの公開鍵を<u>認証局</u>へ届け，<u>公開鍵の証明書</u>をもらう。
使用	A さんが契約書に<u>実印</u>を押す。	A さんが契約書に<u>デジタル署名</u>をする。
	契約の相手が，A さんの実印が押された契約書を受け取る。	通信相手が，デジタル署名された契約書のデータを受け取る。
確認	相手が，法務局発行の<u>印鑑証明書</u>で，<u>印影が A さんのもの</u>か確認する。	相手が，認証局発行の<u>公開鍵の証明書</u>の中にある<u>A さんの公開鍵でデジタル署名が復号できるかどうか</u>確認する。
	相手が，契約書が<u>偽装</u>されていないかを確認する。	相手が，契約書が<u>偽装</u>されていないかを確認する。

表 3.6　実印と電子印鑑の業務フローの相違点
電子印鑑の世界で「A さんが契約書にデジタル署名をする」とは，契約書のハッシュ値を A さんの秘密鍵で暗号化したものを貼付すること，「偽装されていないかを確認する」とは添付された契約書のハッシュ値と，A さんのデジタル署名を復号化して得られたハッシュ値とを比較することである。
また，表の中で使用されている印鑑証明書と公開鍵の証明書は偽装されていないものとする。

X.509 に準拠している証明書を用いた仕組みである。PKI と略される場合もある。確定申告，転居届などの行政サービスをオンラインで受けるための公的個人認証，なりすまし Web の防止，メールの差出人確認，電子入札，電子商取引での契約，時間証明などの各種証明に広く利用されている。私たちの生活の利便性は暗号技術によって支えられていると言ってよい。

■脱印鑑

　書類をデジタル化し業務をオンラインで可能にした場合，今までの印鑑文化をどう継承し変革するかが課題となった。解決法として，1 つは形骸化している押印の習慣を廃止すること，もう 1 つは勤怠管理や電子稟議，電子決済システムなどを導入する方法が考えられる。

　前者には，業務内容を整理したり共有化することで実行できるだろう。後者は，様々なベンダーがクラウドサービスとして提供している。そこでは，認証局と X.509 に準拠した証明書を使ったシステムは必ずしも必要ではなく，その組織内だけで本人確認ができればよい。簡易な場合は，ログイン情報でよいだろう。

　外部の取引相手へ支払い，製品の受け取りなどに際して，本人確認に ID とパスワードを登録する必要がある場合，単に名前を打ち込めばよい場合など製品によって様々である。裁判になった場合に，どの程度の証拠になるかも検討した上で，採用する必要がある。

■コンピュータの高速化とデジタル情報

　コンピュータは，その処理能力をより速いものへ開発が進んでいる。例えば，量子コンピュータは，従来とは異なるアーキテクチャをもち，非常に高速に情報を処理できる。このようなコンピュータの高速化は，過去の暗号を解読してしまう。例えば，契約書の正しさを証明しているデジタル署名は暗号を使用している。RSA の場合，秘密鍵が破られれば，それで署名されている契約書は容易に改ざんできることとなる。事実，ピーター・ショアは量子コンピュータを使って素因数分解が比較的容易に解ける [16] ことを数学的に証明した。他にも多くの研究者が，「2000 bit の合成数を利用する RSA 暗号を解読可能な計算機が 2030 年までに実現可能」との予測を出している。これらを受けて，情報通信研究機構（NICT）は 2018 年，格子理論に基づく，耐量子コンピュータ公開鍵暗号を開発した。今後，これらのタイプの暗号が標準化していくだろう。

　確かに，量子コンピュータの出現は大きなターニングポイントで

16）素因数分解が比較的容易に解ける

Peter W. Shor, Algorithms for Quantum Computation: Discrete Logarithms and Factoring（1994）http://citeseerx.ist.psu.edu/viewdoc/download;jsessionid=4F45D626DD1F249B32DB87B250242F83?doi=10.1.1.47.3862&rep=rep1&type=pdf

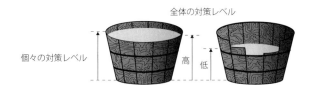
全体の対策レベル

個々の対策レベル　　　　　高　低

ある。しかし，この問題は量子コンピュータに限ったものではない。私たちが，重要書類をいったんデジタル化すれば，改ざん防止のための暗号は日々脆弱になっていく。私たちは，その都度，今後作成される文書だけではなく，過去に作成されたものに対しても，より強い暗号でかけ直す必要がある。暗号が滞りなくかけ直される技術も必要であるが，むしろ，適切な暗号技術を用いて重要な情報を管理し続けなければならないことを私たちが自覚するべきである。そしてそれが，経費を含めて，社会にとって必要以上の負荷とならないようにしなければならないだろう。

▶▶▶ 3.3
情報セキュリティマネージメント

　これまで情報セキュリティへの脅威とその対策技術について説明してきた。これらの対策を組織で行うには，どのような対策をとるべきかを組織や社会の現状にあわせて設定し，その対策を一定レベルで維持し続けなければならない（**図3.16**）。また，対策の必要性や具体的な対策方法もメンバー間で共有できなければならない。単に技術的対策をとるだけではなく，組織としてどう対策に向き合うべきかが必要となる。ここからは，その手法であるセキュリティ対策マネージメントシステムについて説明する。

3.3.1　情報セキュリティとは
　まずは，情報セキュリティについて整理する。

■情報セキュリティとは
　情報資産を守り，「情報の機密性，完全性，可用性を維持すること」とJIS Q 27000:2014 [17] では定義されている。ここで，「情報資産」とは情報だけではなく，**表3.7** が示すように，情報を管理するシステムや機器なども含まれる。
　また，機密性，完全性，可用性は次のことをいう。

・機密性（confidentiality）
　許可された者だけが，情報へ使用可能または閲覧できること。

17）JIS Q 27000:2014
　情報セキュリティマネージメントシステム ISMS（Information Security Management System）の2014年版での定義。
　ISMS は，組織における情報資産のセキュリティを管理するための枠組みである。

表 3.7　情報資産の種類
「小さく始める情報セキュ
リテイ管理」より
https://www.ss-isms.info/
security-basics/security-
incident/information-assets/

区分	例
情報	データベース及びデータファイル，システムに関する文書，ユーザマニュアル，訓練資料，操作または支援手順，継続計画，代替手順の手配，記録保管された情報
ソフトウェア	業務用ソフトウェア，システムソフトウェア，開発用ツール及びユーティリティ
ハードウェア	コンピュータ装置（プロセッサ，表示装置，ラップトップ，モデム），通信装置（ルータ，PBX，ファクシミリ，留守番電話），磁気媒体（テープ及びディスク），その他の技術装置（電源，空調装置），什器
サービス	計算処理及び通信サービス，一般ユーティリティ（例えば，暖房，証明，電源，空調）
人	関連する要員など

・完全性（integrity）

　情報が破壊，改ざんまたは消去されていないこと。

・可用性（availability）

　必要な時に情報を使用できたり，アクセスできること。

この他に，真正性，責任追及性，否認防止及び信頼性のような特性を維持することを含めてもよいとされている。

■**情報セキュリティ対策とは**

　情報セキュリティの事故や事件は，情報資産の財産的価値を狙う脅威が，情報資産を保護しているものの脆弱性を突くことで起こる。ここで，脅威とは攻撃者による不正侵入，脆弱性とは OS やアプリケーションソフトにある欠点などのことをいう。

　この脆弱性を下げ，脅威を遠ざけることが情報セキュリティ対策となるが，それらは対策の対象（**表 3.8**）とそのプロセス（**表 3.9**）に分類できる。これらの分類をそれぞれ横軸と縦軸で整理すると全体像を理解しやすい。

　この防止・検知・回復で，どれを最重要視すべきかには意見が別れるところである。しかし，検知をもって防止の成否が判断できる

表 3.8　対策の対象による対策の分類
「小さく始める情報セキュ
リテイ管理ー情報セキュリ
ティ対策とその分類」の内容
を表にまとめた。
https://www.ss-isms.info/
security-basics/information-
security-measures/

対策の種類	対策例
管理的対策	組織体制の整備，セキュリティポリシーの策定・運用・監査・見直しなど（ISMS の運用，監査，インシデント対策）
技術的対策	暗号化，アクセス制御，ウイルス対策など
人的対策	教育や訓練，違反者に対する罰則，委託先の監督や委託時の契約
物理的対策	建物の耐震対策や建物への施錠，入退出の管理，PC の盗難防止対策や停電・瞬停に対する無停電電源の設置など

プロセス		内容	対策例
インシデントが発生しないようにする（防止）	予防	ハードウェア，ソフトウェアに対して，リスク分析を実施し，判明した脆弱性にセキュリティ対策を実施し，問題が発生するのを低減させる	機器・設備の定期保守，パッチの適用
	抑制	罰則を科したり，モラルに働きかけることにより，不正アクセスや盗難などを抑制する	人への教育，違反者への罰則
	防衛	アクセス制御やファイアウォールなどにより，直接的な攻撃から情報資産を守る	ファイアウォールの設置，アクセス制御，暗号化の実施
インシデントが発生したことやその兆候をつかむ	検知	不正アクセスやウイルスなどの侵入を速やかに発見する	ウイルス対策ソフト，ネットワークの監視，ログ収集と解析
発生したインシデントの被害や影響を少なくする	回復	セキュリティに関する問題が発生してしまった後で，速やかに現状復帰させる	インシデント対応の実施，バックアップの計画と実施・復旧，業務継続計画

表3.9　プロセスによる対策の分類
　対策を時系列に分類したもの。
長谷川長一「情報セキュリティ対策は，3つの種類（技術，物理，人）と3つの機能（防止，検出，対応）の組み合わせで考えるべし」より
https://enterprisezine.jp/iti/detail/5289?p=3security-basics/information-security-measures/

こと，検知されたからこそ回復措置が実施できると考えると，検知に優先的に人員や経費を割り当てるべきであると思われる。

3.3.2　情報セキュリティ管理システム

　上で述べた組織における情報資産の保護の仕方は，セキュリティポリシーということで総合的かつ体系的にまとめられ運用されていく。ここでは，このセキュリティポリシーとその運用について説明する。

■セキュリティポリシー

　経営陣や管理者からなる管理層の承認上 [18]，セキュリティに関する行動の指針として文書化されたものをいう。これは，**図3.19**が示すように基本方針（ポリシー），対策基準（スタンダード），実施手順（プロシージャ）の3層からなっている。各層は下記を明文化したものである。

・基本方針（ポリシー）

　　組織が，どのような情報資産を，どのような脅威から，なぜ保護しなければならないのかを明らかにし，組織として情報セキュリティに対する取組み姿勢を示すもの。広く社会に情報セキュリティ対策をとっている姿勢を示す「情報セキュリティ基本方針」と，情報セキュリティマネージメントにおける方針を記述し，以下の対策基準と実施手順を策定する際の基準となる

18）**経営陣や管理者からなる管理層の承認上**
　情報セキュリティに関するルールを，組織として定めるべき理由は，1つには対策のレベルが人によってばらつくことを防ぐことである。その他に，所定のルールに従って行動し，それでも漏えい事件などが起こった場合に，それを組織の責任とし，個人に負わせないためでもある。

図3.19　セキュリティポリシー

JNSA「情報セキュリティポリシーサンプル改版（1.0版）」をもとに加筆した。
https://www.jnsa.org/result/2016/policy/

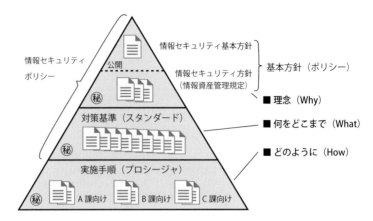

「情報セキュリティ方針」からできている。後者は外部非公開である。

・対策基準（スタンダード）

基本方針で定められた情報セキュリティを確保するために，何をどこまで対策を取るかを明確にしたもの。外部非公開。

・実施手順（プロシージャ）

対策基準に定められた内容を具体的な情報システムまたは業務において，誰がどのような手順で実施していくかを示すもの。外部非公開。

■ PDCA サイクル

セキュリティポリシーが策定されると，それらは固定的なものではなく常に，計画（Plan），実行（Do），評価（Check），改善（Action）のサイクルの中で継続的に改善されながら実行される。主な例を次に示す。

① 計画（Plan）

リスク分析，リスク対応に基づいた対策の検討，セキュリティポリシーの構築。

② 実施（Do）

セキュリティポリシーの導入，職員へ周知。教育や啓発。OS などの脆弱性対策，セキュリティ監視，脅威の情報収集など。

③ 評価（Check）

情報セキュリティ対策が問題なく実施されているか点検。対策が形骸化していないかの確認など。

④ 改善（Action）

評価（Check）した結果をもとに，セキュリティポリシーの見直し。新しい脅威，新しい IT 環境，法令改訂，内部外部からの要求などへの対応など。

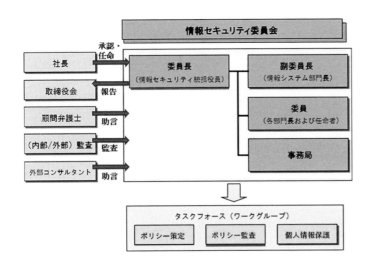

図3.20　セキュリティ対策の実施主体の例

　総務省「国民の為の情報セキュリティサイト」より。
https://www.soumu.go.jp/main_sosiki/joho_tsusin/security/business/executive/04-4.html

■実施主体

　情報セキュリティ対策の実施には「情報セキュリティ委員会」などの専門組織を設置することが多い（**図3.20**）。この委員会は，社長から委任された担当役員と各部署からの代表で構成され，トップダウンで全社的な組織であることが多い。それは，1つには情報セキュリティが日常業務を停滞させがちであることから，セキュリティ対策が軽んじられないように，もう1つは全社もれなく対策をとる必要があることによる。部署によって扱っている情報も事情も異なる。それを無視しては，対策は十分な効果をあげることができないからである。

3.3.3　リスクマネージメント

　その組織にとって必要な対策は，その組織がどのようなリスクを抱えているかを評価した上で，そのリスクを管理し事件事故を起こさないようにするにはどうすべきかという方法で策定される。ここからは，このリスクマネージメント（risk management）について説明する。まずはリスクの概念について解説する。

■リスク

　情報セキュリティ対策では，事件事故が発生する可能性をリスク[19]とし，その度合いは財産価値など影響度の高いものを所有しており，それを狙う攻撃者が存在し，防御措置に何らかの脆弱性があることで高くなると考える。すると，リスクを影響度×脅威×脆弱性の積とみなすことができ，リスクマネージメントとは，この値を管理する事件事故を未然に防ぐプロセスということになる。

19）リスク
　JIS Q 27000 では，より汎用的な意味で「目的に対する不確かさの影響」と定義される（JIS Q 27000:2014）。

20) 脅威
　システムまたは組織に損害を与える可能性があるインシデント。

21) 脆弱性
　脅威がつけ込むことのできる, 資産または資産グループがもつ弱点（JIS Q 27000：2014）と定義される

22) リスクマネージメント
　リスクマネージメント規格ISO 31000では「組織を指揮統制するための調整された活動」と定義される（ISO 31000:2019）。

23) リスク特定
　ISO 31000では「組織の目的の達成を助ける, または妨害する可能性のあるリスクを発見し, 認識し, 記述すること」と定義される（ISO 31000:2018）。
　具体的には, 組織内の事業や業務に精通したメンバー数人のグループをつくり, 懸念されるリスクなどをブレインストーミングして洗い出す方式やアンケートを行う方式, あらかじめ用意されたチェックシートを用いる方式がある。

24) リスク分析
　ISO 31000では「必要に応じてリスクのレベルを含め, リスクの特質を理解し, リスクレベルを決定するプロセス」と定義される（ISO 31000:2018）。
　既存の標準や基準をもとにベースライン（自組織の対策基準）を策定しチェックしていく方法や, 影響度×脅威×脆弱性の積を計算していく方法などがある。

25) リスク評価
　ISO 31000では「リスク及び／またはその大きさが, 受容可能かまたは許容可能かを決定するために, リスク分析の結果をリスク基準と比較するプロセス」と定義される（ISO 31000:2018）。また, リスク基準は「リスクの重大性を評価するための目安とする条件」と定義される（ISO 31000:2009）。

図3.21　リスクマネージメントの構成

■**影響度**
　リスクを構成している影響度を, 情報の財産的価値から判断することも可能であるが, 通常は機密性, 完全性, 可用性の観点から情報をランクづけし総合的に判定することが多い。

■**脅威** [20]
　脅威（threat）とは, 攻撃者による不正侵入, 改ざん, マルウェアによる感染サービスなど意図的なものだけではなく, 設定や運用のミス, PCの置き忘れ, 誤作動などの偶発的なものもある。さらに, 地震や洪水, 落雷による停電など環境にも脅威が存在する。

■**脆弱性** [21]
　脅威が狙う脆弱性（vulnerability）には, 盗難や紛失などに原因となる建物などの設備やハードウェアに存在する物理的脆弱性, ウイルス感染や不正侵入などの技術的な脆弱性（システム的脆弱性）, インシデント発生対処におけるミスなど組織や人の管理に関する脆弱性がある。

　上で示したリスクを管理するリスクマネージメント [22]は, 図3.21に示すようにリスクアセスメント, リスク対応, リスクコミュニケーションからなる。それぞれについて説明する。

■**リスクアセスメント（risk assessment）**
　組織に内在するリスクを洗い出し（リスク特定 [23]）, その大きさを算定（リスク分析 [24]）する。そして, どのリスクに優先的に対応すべきかをリスク基準をもとに検討する（リスク評価 [25]）。ここで, リスク基準とは組織の目的, 組織を取り巻く外部状況及び組織内の状況, 組織の価値観や文化, 資源を反映したものであり, 単に

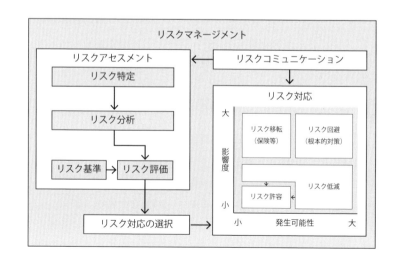

リスク値が大きいものが優先される訳ではない。

この一連のプロセスを通じて対応すべきリスクが特定される。

■リスク対応 [26]（risk treatment）

上で策定したリスク値を許容可能な範囲まで修正するプロセスである。その方法は，発生可能性（脅威×脆弱性）と影響度（財産価値の大きさなど）から主に次の4種類がある。

- ・リスクの回避

  脅威発生の要因を停止あるいはまったく別の方法に変更することにより，リスクが発生する可能性を取り去ること。例として，不正侵入に対し，外部との接続を断ち，Web上での公開を停止するなどがある。

- ・リスクの移転

  リスクを他社などに移すこと。例えば，保険をかける，情報システムの運用を他社に委託するなどがある。

- ・リスクの低減

  脆弱性に対して情報セキュリティ対策を講じることにより，影響度・発生の可能性を下げること。例として，情報を暗号化しておく，静脈認証技術を利用した入退室管理を行う，従業員に対する情報セキュリティ教育を行うなどがある。

- ・リスクの許容

  特にセキュリティ対策を行わず，リスクを許容範囲内として受容すること。例は，対策を講じない，何もしないことである。

ここで重要なことは，リスク対応では，様々な対策を施しリスクを低減させても，それがゼロになることはない。その残存したリスクは「許容」されなければならない。逆に言えば，許容できるまでリスクを低減することが適切な対策ということになる。つまり，何らかのセキュリティ事故が発生し損害を賠償しなければならない場合であっても，組織が倒産せずに存続できる程度にまでリスク値を下げておくことが，リスクマネージメントの目的であるということである。よって，無理がない現実的な対策を取っていくべきであり，もし対策が難しいようであれば，リスクの移転や回避を講ずるべきである。リスクマネージメントには，技術だけではなく，経営的な視点も必要となってくるのである。

また，あるリスク対応が，別のリスク値を上げてしまうことがある。例えば，子どもたちのインターネット利用に厳しすぎるフィルタリングをかけることは，彼らがトラブルに遭うリスクを下げるが，

26）リスク対応
ISO 31000 では「リスクを修正させるプロセス」と定義される（ISO 31000:2009）。

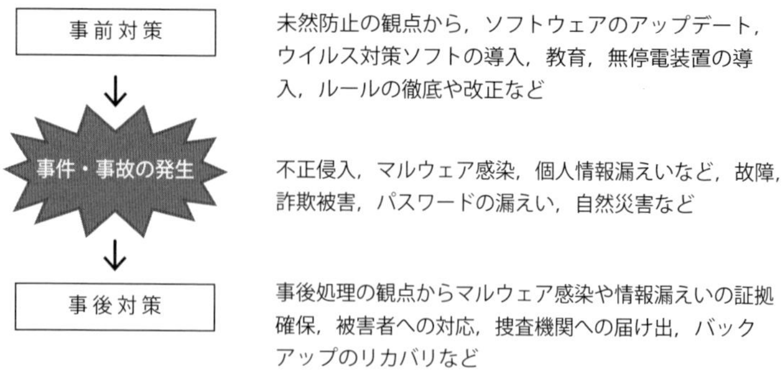

図3.22　事前対策と事後対策
　未然防止のみに重点がおかれる対策では，保護対策が過剰となり利便性が失われがちである。何らかの事件・事故が起こった場合にどうするかも重要な対策の観点である。

事 前 対 策	未然防止の観点から，ソフトウェアのアップデート，ウイルス対策ソフトの導入，教育，無停電装置の導入，ルールの徹底や改正など
事件・事故の発生	不正侵入，マルウェア感染，個人情報漏えいなど，故障，詐欺被害，パスワードの漏えい，自然災害など
事 後 対 策	事後処理の観点からマルウェア感染や情報漏えいの証拠確保，被害者への対応，捜査機関への届け出，バックアップのリカバリなど

安全すぎる環境にトラブルを解決する能力が身につかず，フィルタリングを外した際のリスクを上昇させる。リスクは他のリスクとつながっており多重化していることに注意すべきである。

■リスクコミュニケーション

　リスク対応によって対策が策定されたとしても，それが組織内で納得されなければ，そのルールは形骸化し十分な効果は得られない。そこで，「リスクとその対応方法について，関係者が合意を形成するために相互に意見を交換する過程[27]」が必要ということになる。これがリスクコミュニケーション（risk communication）である。

　例えば，策定した対策が厳し過ぎるという批判や，逆に漏えい事件に過敏になりさらに厳しい規則を求めるなどが考えられる。関係者だけではなかなか冷静に判断できない場合は，外部の専門家にアドバイスを求めることも必要である。

　以上，リスクマネージメントを中心とした対策方法について概観してきた。それは，組織がもつ情報セキュリティについてのリスクを客観的手段で評価し，それを制御する形で事故やインシデントを未然に防ごうとする全社的なプロセスであった。

　その一方，この手法を実行するには，それなりの専門知識をもつ人材と時間そして経費が必要となる。大企業でなければ実施できないことは否めないだろう。とすると，多くの中小企業はどのようなセキュリティ対策をとればよいのだろうか。特に，大企業と中小企業はサプライチェーンが産業を支えていることに着目すれば，中小企業のセキュリティ対策[28] は大きな課題であると言える。

3.3.4　事後対策の重要性

　今まで述べてきた対策は，事故や事件を未然に防ごうというものであった。しかし，それは万全ということではなくどこかに抜け穴

27）リスクコミュニケーション
　佐々木良一『ITリスクの考え方』岩波新書（2008）p.93より引用。また，ISO 31000では「リスクの運用管理について，情報の提供，共有または取得，及びステークホルダとの対話」と定義されている。

28）中小企業のセキュリティ対策
　この課題への試みとして，IPA（2019）「中小企業の情報セキュリティ対策ガイドライン」がある。
https://www.ipa.go.jp/security/keihatsu/sme/guideline/

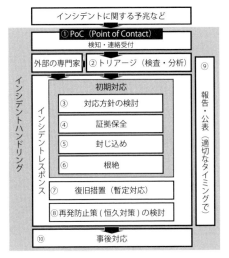

① セキュリティに関する統一的な窓口。インシデントの発生に関する予兆などに気づいた場合は，情報セキュリティ管理者を通じて PoC へ連絡する。

② ヒアリング，ログ検査・分析などで事実関係を確認。インシデントと判断した場合，被害状況と影響範囲などに基づいて，対処に優先順位をつける。

③ インシデントの対応方針を検討する。

④ 今後の調査に必要となる証拠を取得，保全，確保，記録する。

⑤ システム・ネットワークなどを一時的に停止し，被害の拡大や影響を最小化する。

⑥ マルウェアの駆除など，インシデントの原因となった箇所を修復する。

⑦ パスワードの変更，バックアップからのリストアなど，影響を受けたシステムを運用可能な状態へ戻す。

⑧ 設計や運用の見直しを含め，再犯防止策を検討する。

⑨ 封じ込め終了後に顧客や社内に対してインシデントの発生を知らせる。また，根絶できた時点で所轄官庁，警察等に連絡。復旧後，その旨を関係者へ知らせる。

⑩ インシデントから学んだ教訓，新たな脅威の傾向，それへ対応するための技術の向上，リスク評価プロセスへの還元などについてまとめ今後にいかす。

図 3.23　CSIRT のインシデント対応
JNSA や国立研究開発機構，自治体などが公表している情報セキュリティ緊急時対応計画を参考にまとめた。

があるのが常である。事実，標的型メール攻撃などは完全に防ぐことは難しい。また，過度の未然防止対策は日常業務において利便性を下げるとともに，その費用は大きな負担となる。そこで，未然防止対策をとるとともに，もし事が起こった場合に被害を最小限にする対策もあらかじめ用意しておく方がよい。

　この事後対策の実施主体として，CSIRT（シーサート）の設置が進んでいる。ここからは，この組織の役割と手法について解説する。

■ CSIRT（Computer Security Incident Response Team）

　CSIRT とは，コンピュータセキュリティインシデントに関する報告を受け取り調査し対応する，事故を前提とした組織をいう。その役割は，消防署または消防団と類似[29]させ，次のように整理される。

- ・被害の最小化（消火）
- ・ベストプラクティス（技術・経験）
- ・相談窓口（119）
- ・検知と警戒（火の用心）
- ・教育と啓発（防火）

このうち，被害の最小化にあたるインシデント対応を**図 3.23** に示す。PoC（Proof of Concept）へ通報があってから，被害を確認し問題を封じ込め，そして再発防止までの一連の作業と組織内外への公表が，その役割となる。

　CSIRT には攻撃を検知する機能はない。そこで，SOC（Security Operation Center）のようなネットワーク機器や端末のログなどを

29）消防署または消防団と類似
火事をコンピュータセキュリティインシデント，消化を事後対策とみなす。
日本シーサート協議会
「What's CSIRT」
https://www.nca.gr.jp/imgs/CSIRT.pdf

定常的に監視し，インシデントの発見や特定する組織との連携が望ましい。

　上の CSIRT の役割のうち，特に，証拠保全は被害の詳細を知る上でまた告訴する際の証拠として重要である。その専門技術としてデジタルフォレンジックス（コンピュータフォレンジックス）がある。

■デジタルフォレンジックス（digital forensics）

　デジタルフォレンジックスは，インシデントが発生た際に，その対応や訴訟のため，データの証拠保全を行うとともに，データの改ざんなどについての分析・情報収集，報告などを行う一連の科学的調査手法・技術をいう。現在では，そのために専用なツールとして，様々な機器やソフトウェアが開発されている。

　このような事後対策とインシデントを未然に防ぐ対策とをバランスよく実施 30) することで，標的型攻撃のメールの添付ファイルをクリックした場合でも被害を最小限に止めることが期待できる。しかし，ここでも，CSIRT を運営し SOC のような機関と連携できるのは資金力がある大企業が主であって，中小企業の場合はどうするかという課題は残る。

30）事後対策とインシデントを未然に防ぐ対策をバランスよく実施
　それでも，費用対効果からみると，未然防止対策を重視した方がよいだろう。マルウェア感染を例にとれば，未然防止措置はセキュリティ対策ソフトの導入とシンプルであるが，一度感染してしまえばその被害は多岐にわたり，対策も複雑になる。

演習問題

Q1　ソフトウェアのアップデード，マルウェア対策ソフト，ファイアウォールのそれぞれの役割と違いをまとめなさい。

Q2　強いパスワードをつくる際に注意すべき 4 点をあげなさい。

Q3　パスワードの変更が必要なときはどのようなときか整理しなさい。

Q4　2 段階認証と 2 要素認証との違いを説明しなさい。

Q5　SSL/TLS を使って本物の Web サイトであるかどうか（サイト情報）を調べる方法を説明しなさい。

Q6　公開鍵暗号 RSA の仕組みを「公開鍵」と「秘密鍵」から説明しなさい。

Q7　デジタル署名の「本人認証」はどのように行われるか，説明しなさい。

Q8　デジタル署名の「改ざん検知」はどのように行われるか，説明しなさい。

Q9　https や鍵マークだけでは，偽装サイトや詐欺サイトを見破れなくなっている。それはなぜか説明しなさい。

Q10 証明書には DV, OV, EV とあるが，その違いと信頼度について
　　まとめなさい。

Q11 コンピュータが高速になることで，暗号資産にどのような影
　　響を与えるのかを考察しなさい。

Q12 機密性の喪失，完全性の喪失，可用性の喪失の例をあげなさい。

Q13 情報セキュリティ対策のうち，「技術的セキュリティ」「管理
　　的セキュリティ」「人的セキュリティ」「物理的セキュリティ」
　　の例をそれぞれあげなさい。

Q14 情報セキュリティ管理システムの実施主体は，なぜ「情報セ
　　キュリティ委員会」のような組織でなければならないのかを
　　説明しなさい。

Q15 情報セキュリティにおけるリスクとはどのように定義されて
　　いるか説明しなさい。

Q16 「脅威」「脆弱性」には，どのようなものがあるか説明しなさい。

Q17 CSIRT の役割をあげなさい。

Q18 フォレンジックスとは何か説明しなさい。

Q19 あるリスク対応が別のリスクを生む例をあげなさい。また，
　　その「リスクの多重化」を解消するには，どのような方法が
　　あるか考えなさい。

参考文献

株式会社 NTT データ『情報セキュリティマネージメントシステム』
　　日本規格協会（2015）

青野良範「格子暗号の実用化に向けて」 NICTNEWS（2013）
　　https://www.nict.go.jp/publication/NICT-News/1303/02.html

佐々木良一（2008）『IT リスクの考え方』 岩波新書

佐々木良一編（2013）『IT リスク学』 共立出版

情報処理推進機構「制御システムセーフティ・セキュリティ要件検
　　討ガイド」（2018） https://www.ipa.go.jp/sec/reports/20180319.
　　html

情報処理推進機構「つながる世界のセーフティ＆セキュリティ設計
　　入門」（2015） https://www.ipa.go.jp/sec/reports/20151007.html

情報処理推進機構「新 5 分でできる！ 情報セキュリティ自社診断」
　　（2019）https://www.ipa.go.jp/files/000055848.pdf

情報処理推進機構「中小企業の情報セキュリティ対策ガイドライン」
　　（2019）https://www.ipa.go.jp/security/keihatsu/sme/guideline/

中谷内一也『リスクのモノサシ―安全・安心生活はありうるか』日

本放送出版協会（2006）

畠中伸敏 監修，米虫節夫，岡本眞一 著『予防と未然防止』日本規格協会（2012）

デジタル・フォレンジック研究会（2012）「証拠保全ガイドライン第8版」https://digitalforensic.jp/wp-content/uploads/2021/05/gl8-20210520.pdf

米国国立標準技術研究所による勧告「インシデント対応へのフォレンジック技法の統合に関するガイド」（2019）　https://www.ipa.go.jp/files/000025351.pdf

山岸俊男『信頼の構造　こころと社会の進化ゲーム』東京大学出版会（1998）

日本シーサート協議会　https://www.nca.gr.jp/

クラウドサービスは従来，手元のコンピュータで利用していたソフトウェアなどの機能を，インターネット上のサービスとして利用可能なようにしたサービスのことである。自前でソフトウェアをその都度購入したり，サーバを構築し保守する手間を省くことができる。インターネット上でどの範囲のサービスが提供されるかによって次の種類がある。

- SaaS（Software as a Service）
  インターネット経由でソフトウェアパッケージを提供する。Microsoft 365, Google Apps など。
- PaaS（Platform as a Service）
  インターネット経由のアプリケーション実行用のプラットフォームを提供する。Microsoft Azure, Google App Engine, AppScale など。
- HaaS/IaaS（Hardware / Infrastructure as a Service）
  インターネット経由のハードウェアやインフラを提供する，サーバー仮想化，共有ディスクなど。

これらを，すべてをユーザが管理するオンプレミスと比較すると次のようになる。

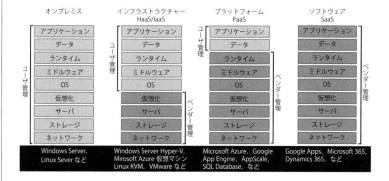

図1 クラウドサービスの違い
Windows Server の場合，オンプレミスはすべてをユーザが管理しなければならないが，IaaS, PaaS は必要なところのみ管理する。SaaS ではユーザはデータのみを管理すればよく，サーバ保守についての専門知識は必要ない。
「「SQL Server on Azure VM」と「SQL Database」の違い」に修正加筆
https://bcblog.sios.jp/means-and-issues-to-migrate-sql-server-to-the-cloud/

いずれのクラウドであっても，オンプレミスと比較しても，次のようなメリットがある。

- 効率性
  多くのユーザでリソースを共有することから，一利用者あたりの費用負担は軽減。すでに多様な基本機能が準備されていることから，導入時間を短縮できる。
- セキュリティ
  クラウドセキュリティ認証などを有するクラウドサービスについては，強固な情報セキュリティ機能が基本機能として提供されている。
- 技術革新対応力

サービス提供会社を通して新しい機能が随時追加され，最新技術を容易に活用できる

・柔軟性

必要なリソースを追加したり，不要になった機能を削除することが容易で，数か月の試行運用や業務の見直しに柔軟に対応できる。

・可用性

仮想化などの技術利活用により，複数のサーバを1つのリソースに統合でき，さらに，個別のシステムに必要なリソースは，統合されたリソースの中で柔軟に構成を変更することができる。

これらのメリットから，「クラウド・バイ・デフォルト原則*1」が提唱されて，クラウドの利用はますます進むと考えられる。

その一方，クラウドサービスが突然停止しデータが消えた事件*2も2012年に起こっている。

また，多種多様なクラウドが乱立してくると，信頼できるサービスを提供する会社かどうか見極めることも必要になる。特にSaaSの場合は，システムはベンダー管理となるので重要となる。その際，サービスを説明するWebに，次の点が十分に述べられているか確認してみるとよい。

① OS，ソフトウェア，アプリケーションにおける脆弱性の判定と対策
②不正アクセスの防止
③アクセスログの管理
④通信の暗号化
⑤安全な個人認証方式の導入（2要素認証・2段階認証など）
⑥データセンターの物理的な情報セキュリティ対策（災害対策や侵入対策など）
⑦データのバックアップの実施
⑧セキュリティ監査の実施

これに加えて，クラウドに格納されている自分のデータが，どこに格納されているかも確認しておくとよい。特に，データが海外のサーバで格納されている場合，法令の違いによる問題が生じる場合もある。

クラウドサービスは便利なサービスであることは間違いない。今後は当たり前のものとなっていくだろう。そのときでも，大事なデータを預けっぱなしにすることなく，もしもの事態にそなえてバックアップし手元に保管するなどの対策も必要である。どんなサービスにもメリットとデメリットがある，それらを踏まえた上で上手に利用すべきである。

＊1　クラウド・バイ・デフォルト原則
各府省情報化統括責任者（CIO）連絡会議決定 2021年（令和3年）3月30日「政府情報システムにおけるクラウドサービスの利用に係る基本方針」より
https://cio.go.jp/sites/default/files/uploads/documents/cloud_policy_20210330.pdf

＊2　クラウドサービスが突然停止しデータが消えた事件
2012年6月20日，レンタルサーバ会社が顧客データの大規模な消失事故を起こした。そのときの復旧作業などについての発言を下記に見ることができる。
データ消失！あのとき，ファーストサーバになにが起こったか？
http://ascii.jp/elem/000/000/913/913202/

トピックス④　パスワードのつくり方と管理方法

　「パスワードは大事です。紙には書かないで記憶しておきましょう」と，PCが世に出たばかりの頃には言われていた。しかし，今やそれは無理である。安全のため長く複雑なパスワードをサービスごとに変えるようにと言われている。モニターにパスワードのメモを貼り付けておくのは論外であるが，確かに何かに書き留めておく必要がある。また，「どんなパスワードをどうやってつくればよいのでしょう？」という質問も受ける。パスワード自体が機密性の高い情報であることから，それについては他の人と共有されにくいのかもしれない。

　本論でも述べたが，本人確認にはICカードのような持ち物を使ったものや指紋などの身体的特徴を使うものもある。それらを使い，本人の知識に頼るパスワードを使わないという選択肢もある。しかし，特別な装置が不要，柔軟に変更できるなど総合的に検討すると，パスワードをまったく使わないということはないと思われる。

　さて，安全なパスワードはどうやってつくるのか。規則性がない文字列を複数つくるのは結構な手間である。自動作成するソフトウェアやWebサイトがあるのでそれを利用するのもよい。念のために，生成された文字列の一部を変更するなり追加する方がよい。すると覚えきれないことが多い。パスワード作成のためのメタルールを決めるという方法もある。例えば，次のようなコアパスワードを使用したもの[*1]がある。

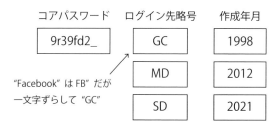

コアパスワード	ログイン先略号	作成年月
9r39fd2_	GC	1998
	MD	2012
	SD	2021

"Facebook" は FB" だが
一文字ずらして "GC"

　コアパスワードは自動作成したものでも，そのお気に入りのフレーズ「Wagahaiha Nekodearu Namaeha madanai…」から頭文字をとってきた「wn#Nm&…」でもよいだろう。不規則な文字列は1つとなるので利便性は高まる。

　このように作成したパスワードは，パスワード管理ソフトや鍵をつけたファイルで管理するというのが現実的だろう。とはいうもののマスターパスワードが当然必要になってくる。もしもに備えて紙に書いて財布の中などに別途保管するのがよいだろう。また，パスワードファイルが開けなくなることも想定し，印刷しておいた方がよいかもしれない。

　パスワードをきちんと管理しようとするとなかなか手間がかかるが，デジタル社会では仕方がないことだろう。

＊1　コアパスワードを使用したもの

　この例は，東京電機大学佐々木良一氏の考案による。また，IPAも同様の例を出している。

　例ではコアパスワードは8文字と設定されているが，状況に応じて長くするとよい。

IPA「不正ログイン被害の原因となるパスワードの使い回しはNG」
https://www.ipa.go.jp/security/anshin/mgdayori20160803.html

第4章

デジタル社会と法

法整備の必要性と課題

　インターネット社会において生じる様々なトラブルに対して，法律は，権威をもって人間の行為を制限することで未然に防いだり，処罰をもって解決しようとするものと考えられる。しかし，その法自体が現状にあわないことも生じてくる。例えば，「窃盗」は，有体物という空間の一部を占めている形のある存在を目的とすると想定している。すなわち，財産的価値がある有体物を盗むことをいう。

　その場合，電気は有体物ではないがゆえ電気泥棒は存在しないことになる。しかし，電気には財産的価値がある。よって，財物に電気も含めることにした。電気というエネルギーが社会生活に浸透したからであろう。情報の場合も同様である。

　1999 年宇治市の住民基本台帳がとある名簿業者のサイトで売りに出されていることが発覚した。この名簿業者に，問題の住民基本台帳を持ち込み 30 万円ほどの利益を「不当」に得たのは，当時大学院に通う一学生であった。しかし，彼は何の処罰も受けることなく社会へ出て行ったという。それは，当時，情報自体は保護の対象ではなかったからである。だからと言って，情報に価値がなかったということにはならない。戦国時代でさえ情報戦があったことからも，そのことは推測できる。現代との大きな違いは，かつては情報はそれが記録されている媒体と一体化しており，その記録媒体を保護することで情報を保護できた点にある。現代は，情報は情報それ自身として存在している。その情報を，記録媒体を介することなく，毀損したり改ざんできる。他の記録媒体にコピーし盗み出すことも可能になった。そこで，財産的価値がある情報を保護するため，かつての法律を現状にあうように改正したり，新たな法律を制定する必要が生じてきた。

　さらに，インターネットとデジタル技術は，個人が簡単に情報発信できる基盤をつくり上げた。また，SNS によって，今までとは異なる形でのコミュニケーションも可能となり，それによって，誹謗中傷やプライバシー侵害，著作権侵害などのトラブルが発生している。同様に，迷惑メール，出会い系サイトの青少年利用，児童ポ

ルノ画像など様々な問題も起こっている。これらの問題の解決に，人々のモラルだけに頼るには世界は広すぎ，価値観は多様化している。私たちは法律に社会正義の実現を期待せざるを得ないところがある。この章では，PCやインターネットの普及によって，どのような問題が起こり，それに対してどのように法整備がなされてきたのかを概観する。そして，それが十分であるのか，行き過ぎや偏りはないのかなどを吟味して，法律はどうあるべきかを考えてもらいたい。そして可能であれば，情報社会でどう生きていくべきか，どういう倫理観をもつべきかについても考えてもらいたい。

▸▸▸ 4.2
法整備の例

コンピュータ・インターネット社会が進むにつれて，価値観が変わり，社会で守るべきものは何かも変わってくる。その度に保護技術が施され法律が整備されていく。法律は今までのものを改正するか，新しく制定するかで整備されてきた。その中で主だったものを**表**4.1にまとめた。この節では，これらの中からいくつかを解説する。不正アクセス禁止法，プロバイダ責任制限法，個人情報保護法，著作権法は，後に節を分け，解説する。

4.2.1　名誉毀損，侮辱，信用毀損

インターネットのコミュニティサイトなどで，特定個人を攻撃した場合，その書き込み内容によって，次の法律に抵触する場合がある。

■名誉毀損（刑法第230条）
公然と事実を摘示[1]して人の名誉を傷つけた者は3年以下の懲役・禁固または50万以下の罰金。

■侮辱（刑法第23条）
事実を示さなくても，公然と人を侮辱した場合。例えば，SNS上に「性格悪いし，生きてる価値あるのかね」「ねえねえ。いつ死ぬの？」「死ねやくそが」などと書き込むこと。1年以下の懲役・禁固または30万円以下の罰金，もしくは勾留または科料に処される[2]。

■信用毀損（刑法第23条）
嘘の噂を世間に流したり，不正な策略をもって相手の信用を害した者は3年以下の懲役・禁固または50万以下の罰金。

1)「事実を摘示」とは，確認可能な事項を指摘すること。つまり確認する基準・方法が存在すること。例えば，「○さんが△さんに対するパワハラの現場をみた」など。
　事実を摘示する以外にも論評することで名誉毀損となる場合がある。
　ただし，その書き込みが，①公共の利害に関する事柄であり，②専ら公益を図る目的とした書き込みで，③摘示された事実の重要な部分が真実である場合は，名誉毀損にならない（名誉毀損の違法性阻却）。例えば，「○○社長はパワハラだ」ということが真実であれば，名誉毀損の違法性は阻却される。

2) 拘留は最大29日間，科料は1,000円以上10,000円未満。勾留または科料だけでは悪質な書き込みには軽すぎるということで改正された。2022年7月7日より施行。

従来法の改正などで対応した例	新たな法律の制定した例
威力業務妨害，偽計業務妨害罪	電子計算機破壊等業務妨害
電磁的記録毀棄（文書等毀棄罪）	電磁的記録不正作出及び供用（電子計算機使用詐欺）
名誉毀損，侮辱	プロバイダ責任制限法
恐喝	映画の盗撮の防止に関する法律
著作権法	個人情報保護法
不正競争防止法	児童買春，児童ポルノに係る行為等の処罰及び児童の保護等に関する法律
風俗営業等の規制及び業務の適正化等に関する法律	青少年インターネット環境整備法
	特定電子メールの送信の適正化等に関する法律
	不正アクセス禁止法
	ウイルス作成・供与罪

表4.1 インターネットに関連する主な法律
従来法を改定したものと，新たに制定したものに分けられる。

以上は刑事罰が適用されるが，これら書き込みで売り上げダウンなどの実害がでた場合は，下記が民事で争われることとなる。

- 損害賠償請求：違法な書き込みによる売り上げダウンなどで生じた損害額を加害者側へ請求。
- 慰謝料：違法な書き込みによって受けた精神的被害を金銭に換算し請求。
- 原状回復：書き込みよって傷つけられた名誉を新聞広告などで回復。

悪質な場合は，刑事と民事の双方で責任をとらなければならないこともある。

4.2.2 威力業務妨害，偽計業務妨害罪

法律で「業務」とは継続性がある行為のことをいう。それを妨害する行為が業務妨害である。情報社会では，有体物ではないデータの破壊や改ざんを行うことで業務を妨害することができる。それを防ぐため，次のような行為が処罰の対象となった。

■偽計業務妨害（刑法第233条）

デマ，偽りの噂などを流したり，人を欺いたりして業務を妨害した場合である。これらがインターネットを使い実行される場合がある。例えば，SNSなどに「今の地震で○○動物園からライオンが逃げ出した」と書き込んだ場合は，○○動物園への偽計業務妨害となる[3]。有罪となった場合，3年以下の懲役または50万円以下の罰金が科せられる。

3）「○○駅に爆弾を仕掛けた」というSNSへ書き込みも，その駅の電車会社や警備会社への偽計業務妨害となる。これは威力業務妨害ともとれ，その境界は不明瞭であるとされている。
一方，「レストラン○○のシェフは手を洗わず料理をする」などを書き込んだ場合は，そのレストランへの「信用毀損（刑法第23条）」となる。こちらも3年以下の懲役または50万円以下の罰金が科せられる。

■威力業務妨害（刑法第 234 条）

「威力」とは，爆破予告，長時間にわたるクレームなど「被害者の自由意思を制圧するに足りる勢力」で行われるものをいう。動画制作会社への爆破予告メールなどがこれにあたる。有罪となった場合，3 年以下の懲役または 50 万円以下の罰金が科せられる。

■電子計算機破壊等業務妨害（刑法第 234 条の 2）

コンピュータで使用するデータを破壊したり，コンピュータに不正な指令を与え，使用目的に沿わない動きをさせるなどで業務を妨害する行為である。DoS 攻撃などがこれにあたる。有罪の場合は 5 年以下の懲役または 100 万円以下の罰金が科せられる。

4.2.3　データ破壊改ざん
■電磁的記録不正作出及び供用（刑法第 161 条の 2）

いわゆる電子計算機使用詐欺である。事務処理を誤らせる目的で，権利・義務や事実証明に関する電磁的記録を不正につくったり，不正につくられたこれらの電磁的記録を不正に利用することである。前者の権利・義務にかかわる例として，銀行の預金残高記録，プリペイドカードの残高記録，自動改札定期券の残高記録の不正な改ざんがある。後者の事実証明にかかわる例として，キャッシュカードの磁気ストライブ部分の記録を複製し，別カードを不正に作成することなどがある。5 年以下の懲役または 50 万円以下の罰金となる。

■電磁的記録毀棄（刑法第 258 条，第 259 条）

総会や理事会の議事録ファイル（公文書・私文書）を，公表したくないがゆえに廃棄してしまう，他人のプリペイドカードの残高記録を破壊するなどがこれにあたる。罰則は，前者のように公文書・私文書を毀棄した者は 3 月以上 7 年以下の懲役（公用文書等毀棄罪 258 条），後者のように他人の権利や義務にかかわる情報を毀棄した場合は 5 年以下の懲役（私用文書等毀棄罪 259 条）となる。両者とも文書等毀棄罪がすでにあり，それにコンピュータを使用した犯罪を付け加えたものである。

4.2.4　ウイルス作成
■不正指令電磁的記録に関する罪（刑法第 168 条の 2，3）

ここで「不正指令電磁的記録」とはいわゆるコンピュータウイルスのことである。2011 年に新設された。コンピュータウイルスを正当な理由[4] なく，無断で他人のコンピュータにおいて実行させる目的で作成，提供，実行，供用を禁じる（不正指令電磁的記録に

4）正当な理由
　大学などで研究のためにコンピュータウイルスを取得したり保管することは「正当な理由」とされる。また，この法律は「故意犯」を対象しており，錯誤や偶然によってウイルスと同じような動作をするプログラムを作成した場合は，ウイルス作成罪は成立しないとされている。

関する罪）。また，取得，保管することも禁じる（不正指令電磁的記録取得など）。供用とは，メールにウイルスを添付し送信するなど，ウイルスを実行しうる状態におくことをいい，未遂も処罰の対象となる。前者のコンピュータウイルスを作成・提供・供用した場合は，3年以下の懲役または50万円以下の罰金に処される。後者の取得，保管した場合は，2年以下の懲役または30万円以下の罰金に処される。

4.2.5　迷惑メール

不特定な相手に大量のメールを送信することを禁止する。2002年に新設された。

■特定電子メールの送信の適正化等に関する法律（第3条の1）

2008年の改正でオプトイン（事前承諾）方式が導入された。あらかじめメールを送信することを同意しない者へ，広告または宣伝のメールを送ることを禁じている。また，送信者の氏名または名称，受信拒否の通知を受け取るための送信者の電子メールアドレスなどの表示が義務づけられている。

違反した場合は是正を求める措置命令が発せられるが，それに従わない場合は次の罰則を処せられる。送信者情報を偽った場合は1年以下の懲役または100万円以下の罰金（法人は3000万円以下の罰金），送信を拒否した者へ広告または宣伝のメールを送った場合は100万円以下の罰金に処される。

4.2.6　子どもの健全育成

児童ポルノ映像の送信や販売，児童買春の防止を目的に，次の法律が新設または改正された。

■風俗営業等適正化法改正（2001年）

従来の風営法に，出会い系サイトを児童売買春に利用する行為を禁止するなどを追加した。

■児童買春，児童ポルノに係る行為等の規制及び処罰並びに児童の保護等に関する法律（2014年）

児童ポルノ映像の送信を禁止するなど，児童買春，児童ポルノに係る行為などを規制し，およびこれらの行為などを処罰する。2009年に新設されたが，児童ポルノの定義，単純所持の問題，実在しない児童のポルノの問題などの観点から改正された[5]。

5）2014年の改定までは，「児童買春，児童ポルノに係る行為等の処罰及び児童の保護等に関する法律」という名称であった。子どもの写真も児童ポルノとなってしまうなど児童ポルノの定義が曖昧であった。改正法では厳密に定義されている。

単純所持の問題は，芸術的なソフトなヌード，家族や恋人の写真を保持していることも処罰の対象となるのか，本来規制すべきものではないのではないかというもの。実在しない児童のポルノも表現の自由との兼ね合いで問題視された。どちらも児童ポルノの定義が曖昧であったことに問題があった。

■青少年インターネット環境整備法（2010年）

　インターネット上に，青少年にとって有害情報が多く流通していることを鑑み，青少年がインターネットを適切に活用する能力を身につけること，青少年が安心してインターネットを使用できる環境を整備するために，国及び地方公共団体はそのための施策を実施しなければならない。また，青少年のスマートフォンなどの利用に際して，次を義務づけている。

- ・携帯電話及びインターネット接続役務提供事業者へフィルタリングサービスの提供
- ・保護者による青少年の適切なインターネット利用を管理
- ・青少年へ適切なインターネット利用に関する啓発

その際，自由な表現活動の重要性及び多様な主体が世界に向け，多様な表現活動を行うことができるインターネットの特性に配慮することを定めている。

▶▶▶ 4.3
不正アクセス禁止法

4.3.1　法律の概要

　従来の刑法を改定することで，データの改ざんや不正使用については対応できるようになった。これは，データを有価物として解釈するものである。しかし，データは鉛筆や消しゴムなどの「物」とはやはり異なる。鉛筆は盗まれれば手元からなくなり，無断で使用されれば短くなる。しかし，デジタルデータの場合，劣化することなく容易にコピーでき，コピー元は依然として元の場所にあり続ける。ここにデータと物の違いがある。

　以前はデータが盗み見されても窃盗罪が成立しにくかった。そこで，データに無断でアクセスすることを禁じる「不正アクセス禁止法」が2000年2月に施行された。これによって，データの盗み見などの不正行為にも対処できるようになった。

　不正アクセス禁止法は，正式には「不正アクセス行為の禁止等に関する法律」[6]という。この法律は電気通信回線を通じて行われる電子計算機に係る犯罪の防止を主な目的に，まず不正行為とその罰則を明確にしている。それと同時に，アクセスを管理する者の義務も定めている。**表4.2**にこれらを整理する。処罰の対象は，2000年の施行当時は①③のみであったが，フィッシング詐欺などが多発

6）不正アクセス行為の禁止等に関する法律
　1999年8月13日交付，2000年2月13日施行。最近改正は2013年5月31日交付同日施行。詳しくは以下を参照。
http://www.npa.go.jp/cyber/legislation/gaiyou/gaiyou.htm

不正行為の禁止・処罰	①不正アクセス行為	3年以下の懲役または100万円以下の罰金	第3条,第11条
	②他人の識別符号（IDやパスワード）を不正に取得する行為	1年以下の懲役または50万円以下の罰金	第4条,第12条1号
	③不正アクセス行為を助長する行為		第5条,第13条
	④他人の識別符号を不正に保管する行為		第6条,第12条3号
	⑤識別符号の入力を不正に要求する行為		第7条,第12条4号
管理・対策	アクセス管理者の防御措置		第8条
	都道府県公安委員会によるアクセス管理者への援助		第9条
	国家公安委員会・総務大臣・経済産業大臣による情報提供等		第10条

表4.2　不正アクセス禁止法の罰則
同法第11条，第12条，第13条。実際に不正アクセスを実行した者はもちろん，パスワードを漏えいした者もかなり重い罪となる。

したことにより拡大された。また，この法律は，不正行為の処罰に関するものだけではなく，管理・対策に関する事項としてアクセス管理者や国と都道府県の責務も盛り込まれている。

　不正アクセス行為が成立するためには，以下の条件が必要である（第2条4）。

1）コンピュータネットワークに接続されているコンピュータ（特定電子計算機）に対して行われたものであること。
2）コンピュータネットワークを通じて特定電子計算機へのアクセスが行われたものであること。
3）他人のID・パスワード（識別符号）またはアクセス制御機能による特定利用の制限を免れることができる情報または指令が入力されたものであること。
4）アクセス制御機能によって制限されている特定利用をすることができる状態にさせたものであること（一部のセキュリティホール攻撃のように，特定利用をすることができる状態に止まらず，特定利用をしてしまう行為を含む）。

4.3.2　実例による解説

　図4.1に不正アクセス行為の具体例を示す。次のような行為は処罰の対象になる。

　例1　①インターネットなどの回線を介して，Webブラウザの認証ページで他人のIDとパスワードを無断で使い，ログインする（第4条4-1）。

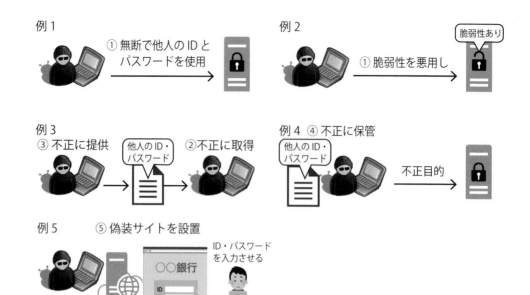

例1 ① 無断で他人のIDと
パスワードを使用

例2 脆弱性あり
① 脆弱性を悪用し

例3
③ 不正に提供　他人のID・パスワード　② 不正に取得

例4 ④ 不正に保管
他人のID・パスワード　不正目的

例5 ⑤ 偽装サイトを設置
ID・パスワードを入力させる
○○銀行
ID
PW

図4.1 不正アクセス行為の種類

図の①～⑤は，表4.2の丸数字に対応している。

例1①は他人のIDやパスワードを使いネットワークに接続し，PCや情報を不正に利用したり，情報を盗み見する行為である。例2①はセキュリティホールを悪用し特別な信号を送り，正規のIDやパスワードなしにPCにアクセスする行為である。例3③は不正入手したIDやパスワードを第三者へ提供する行為，②は不正と知りながらそのデータを入手する行為である。例4④は不正目的で他人のIDとパスワードを保管する行為，例5⑤はIDとパスワードの不正入手を目的に偽装サイトなどを設置する行為である。

7) 不正アクセス行為の定義について「アクセス制限をかけている」とはどういう意味かが，2003年11月に起こった「ACCS個人情報流出事件」の裁判の過程で問われた。詳細については，トピックス⑤で詳しく述べる。

例2 ①インターネットなどの回線を介して，コンピュータの脆弱性を利用してアクセス制御を解除し，無断でコンピュータを利用する（第4条4-2，第4条4-3）。

双方とも，不正アクセス行為はインターネットやLANなどの電気通信回線を通じて行われた場合に限られる。これら例1と例2の行為は表4.2の「①不正アクセス行為[7]」にあたる。

例3 右側の②人物の行為は「②他人の識別符号を不正に取得する行為」にあたる。不正アクセス行為を目的に他人のIDとパスワードを偽装サイトから受け取ったり，IDとパスワードが記憶されているUSBメモリを受け取る行為もこれにあたる。ただし，インターネット上で検索中にたまたま他人のIDとパスワードが表示された場合やメールで一方的に送られてきた場合は除く（第4条）。

一方，図の左側の人物のパスワードが保存されたUSBを提供している行為③は，「③不正アクセス行為を助長する行為」に抵触する。この他に，他人のIDとパスワードを，電子掲示板などに書き込むこと，口頭でこれを伝えることも同様に処罰対象となる（第5条）。

例4 不正に入手されたIDとパスワードを，不正アクセスを目的に保管する行為④は「④他人の識別符号を不正に保管する行為」にあたる。ただし，システム管理者が正当な業務

トピックス⑤ ACCS 個人情報流出事件

　2003年11月，コンピュータソフトウェア著作権協会（ACCS）の
Web サイトから個人情報が流出した。流出した情報は，Web の入力
フォームを通じて ACCS へ寄せられた質問であり，氏名，年齢，郵便
番号，住所，職業，相談内容であった。この個人情報ファイルにアクセ
スするには，FTP *1 などを用いて ID とパスワードなどによる認証が必
要であった。しかし，当時の ACCS の Web サーバには CGI コード *2
に不備があり，Web の入力フォームを多少変更すれば個人情報ファイ
ルを簡単に入手できる状態にあった。つまり，ACCS サーバの個人情報
ファイルへアクセスする方法が2つあり，一方にはアクセス制御が施
されていたが，もう一方には施されていなかったのである。

　当時，国立大学研究員であった O 氏は，この個人情報データファイ
ルを，認証が必要な FTP を用いず，CGI の不備を利用し入手した。こ
の場合，O 氏がアクセス制御を破ったことになるのだろうか。「アクセ
ス制御をかけている」というのは，「FTP や CGI というプロトコルごと
になされている」とみるべきか，「サーバ全体になされている」とみる
べきか，という判断である。もし前者であれば，O 氏はアクセス制御を
回避する不正アクセス行為を行わずに，秘匿情報を取得したことになる。
しかし，後者であれば，アクセス制御がかかっているサーバの穴をつい
て侵入したことになる。

　これについて法律では明文化されておらず，条文の解釈の問題となる。
東京地方裁判所は，O 氏の行為を不正アクセスと判断した。つまり，「不
十分なアクセス制御であっても，アクセス制御が施されているサーバに
入ってはいけない」ということである。

　裁判の過程で，O 氏が CGI システムの不備を忠告していたにもかか
わらず，改善をしなかった ACCS の対応が明らかになった。実はここ
にも重大な警告がある。インターネットの普及に伴い，ビジネスではオ
ンラインサービスを行わなければ競争に負けてしまう。例えば，オンラ
イン予約ができるホテルとできないホテルでは，売り上げに大きな差が
でる。すると，セキュリティの専門家がいないにもかかわらず，オンラ
イン窓口をとりあえず開設するということになる。そのような状況では，
専門家からアドバイスがあったとしてもそれを理解できず，脆弱性が放
置されがちになる。加えて，セキュリティレベルの高さは，ユーザから
はなかなか見えにくい。ユーザは何を目安に Web を使えばよいのだろ
うか。

*1　FTP
　File Transfer Protocol の
略。Web サーバなどにファ
イルを転送するときに使用さ
れる技術。サーバとファイル
を送受信するには，ID とパ
スワードなどの認証が通常は
必要とされる。

*2　CGI
　Common Gateway Inter-
face の略。Web ブラウザ
からの要求によって，Web サー
バに情報を書き込んだり，プ
ログラムを起動させるなどを
実行させる仕組み。アンケー
トやお問い合わせフォームな
どでよく使用されている。

において他人の ID とパスワードを取得し，その後，出来心を起こして不正アクセスを行った場合には成立しない（第 6 条）。

例 5　フィッシング詐欺で ID とパスワードを不正に取得する前段階として，偽装サイトを開設する行為⑤は「⑤識別符号の入力を不正に要求する行為」とみなされる。Web サイトだけではなく，電子メールにて ID とパスワードを騙し取ろうとする行為も同様に処罰される（第 7 条）。

　この法律は，以上のような行為を禁止し処罰の対象としている一方，ネットワーク管理者などアクセス管理者のなすべき防御措置を明確にして，それを国や都道府県が情報提供や相談対応で支援するように定めている。アクセス管理者のなすべき防御措置の具体的内容は以下のものである。

8）アクセス管理者の防御措置
　警察庁「不正アクセス行為の禁止等に関する法律の概要」より。
http://www.npa.go.jp/cyber/legislation/gaiyou/gaiyou.htm

■アクセス管理者の防御措置[8]

・利用権者の異動時における識別符号の確実な追加・削除，長期間利用されていない識別符号の確実な削除，パスワードファイルの暗号化といった識別符号の適正な管理。
・アクセス制御機能として用いているシステムのセキュリティに関する情報（セキュリティホール情報，バージョンアップ情報など）の収集といったアクセス制御機能の有効性の検証。
・パッチプログラムによるセキュリティホールの解消，アクセス制御プログラムのバージョンアップ，指紋・虹彩などを利用したアクセス制御システムの導入といったアクセス制御機能の高度化。
・コンピュータネットワークの状態を監視するのに必要なログを取得しその定期的な検査を行う，ログを利用して前回のアクセス日時を表示し利用権者にその確認を求めるといったログの有効活用。
・ネットワークセキュリティ責任者の設置。

　一応のアクセス制御を施しておけば，セキュリティホールを突かれ侵入されても不正アクセスが成立し，攻撃者に対して責任を問うことができる。しかし，鍵のかけ忘れなど，あまりに稚拙なミスがあった場合は，上記の防御措置が不十分であったということでネットワーク管理者の責任が問われ，侵入者の責任を問えない場合もある。例えば，次に述べる 2002 年 5 月の東京ビューティーセンター（TBC）顧客情報流出事件である。

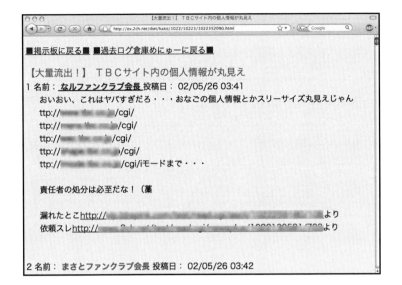

図 4.2　流出当時の 2 ちゃんねる

アクセス制御がなく，自由に個人情報を取得できる URL が表記されている。これによって多数の人が TBC の Web サイトにアクセスした。TBC はすぐに個人情報を削除したが，すでに多くの人にダウンロードされた後であった。

■ TBC [9] 顧客情報流出事件　2003 年

2002 年 5 月，エステサロン東京ビューティーセンター（TBC）の Web サイトから，氏名，年齢，住所，体のサイズなどが含まれている約 5 万人分の個人情報が流出した。通常，これらのデータへのアクセスは ID とパスワードはきちんと設定されるべきである。しかし，このときは，Web 管理者のミスでアクセス制御が施されていなかった。これらの個人情報の場所を示す URL は，電子掲示板 2 ちゃんねるに拡散され（**図 4.2**），データは大量に流出した。流出データは悪用され，ファイル交換ソフトで誰でも入手可能な状態になり，被害者に迷惑メールが送られたり，実名入りで被害者の体型が興味本位で公開されるなどの二次被害が続いた。

これに対して，被害者 14 人がプライバシーを侵害されたとして，当時 TBC を運営していたコミー株式会社に対して 1 人あたり 115 万円の損害賠償請求を行った。2007 年 2 月，東京地方裁判所はコミー株式会社に対して原告 1 人あたり最高 3 万 5000 円を支払うよう命じた。

ネットワーク管理者がどこまで防御措置を行えばよいのか [10] については疑問がないわけではない。しかし，インターネットやデジタルが普及している社会では，情報がいったん流出するとそれを回収することも，拡散を防ぐことも非常に困難であり，流出した情報は第三者によって悪用され，二次被害，三次被害へ広がることを考えれば，法的には責任が問われないにしても，被害に遭う人がでないようにサイトの管理に最善を尽くすべきであろう。

9）TBC

情報が流出した 2002 年当時には，エステサロン TBC はコミー株式会社が運営していた。現在，TBC グループ。

10）防御措置の目安

いくつかの組織がガイドラインを提出している。例えば，情報処理推進機構（IPA）「安全なウェブサイトのつくり方 改訂第 7 版」（2021）
https://www.ipa.go.jp/files/000017316.pdf

また脆弱性の報告を受けた場合，対処の仕方として，同「ウェブサイト運営者のための脆弱性対応ガイド」（2015）
https://www.ipa.go.jp/files/000044736.pdf

図 4.3　有害情報の分類
名誉毀損や著作権侵害などは，明らかに法律が介入すべき案件であるが，本当に名誉毀損であるかどうかをすぐには確かめられないケースもインターネットでは起こり得る。

違法な有害情報
【送信内容が違法な情報】
　名誉毀損，侮辱，プライバシー侵害，著作権侵害，商標権侵害，わいせつ，児童ポルノ，殺人予告，出会い系サイト規制法違反など

【送信態様が違法な情報】
　迷惑メール，ウイルス添付など

違法ではないが有害情報
【違法行為へ導かれがちな情報】
　自殺呼びかけ，殺人請負，爆発物・毒物製造法など

【人を不快にさせる情報】
　違法ではないが公序良俗に反する情報

インターネットの特質上，書き込みの違法性が不明な場合がある

▶▶▶ 4.4
プロバイダ責任制限法

4.4.1　法律の背景と目的

　インターネット上でのコミュニケーションが盛んになるに従い，SNS や電子掲示板などでの誹謗中傷，脅迫などが問題視されている[11]。それらは，広くは「有害情報」（**図 4.3**）と呼ばれるものであるが，その中には，違法性があるものと，そうではないものがある。誹謗中傷のほとんどは，法的に対処されるべき名誉毀損，侮辱にあたる。このような被害にあった場合，法律は私たちをどのように守ってくれるのか，私たちはどう対処したらよいのか，また，そのときの課題は何かについて検討する。

　インターネット上での誹謗中傷は，それがインターネットコミュニケーション特有の問題をはらみ，対応に苦慮することが起こり得る。その顕著な例として，次のような事案であった。

■動物病院名誉毀損事件[12]
　ある電子掲示板に次のような書き込みがされた。

「江東区の○○動物病院はサイテーです。うちの犬が食欲がないようだったので診察してもらったところ，"風邪だ"と言われ，注射を 2 本うたれました。翌日になって調子が悪そうなので再び診察につれて行くと"なんで，こんなになるまで放っておいたんだ！"とすごい剣幕で怒鳴られ強制的に入院させられました。次の日"朝起きたら死んでました"との電話があり，遺体を引き取りに行くと，いかにも私たちが悪いようにさんざん怒られました」

11）2020 年 5 月女性プロレスラーが SNS 上で 200 アカウントより 300 件を超える誹謗中傷を受け自殺した事件が，誹謗中傷への対処の仕方，加害者への処罰，ネット上での書き込みの仕方について，ネット社会的に大きな一石を投じた。

12）動物病院名誉毀損事件
　2002 年，電子掲示板 2 ちゃんねるに，実在する動物病院を中傷する内容が匿名で書き込まれ問題となった。当時「○○動物病院」は実名で書き込まれた。動物病院は掲示板管理者に書き込みの削除を求めたが，2 ちゃんねる側はこれに応じず裁判となった。

これに対して，動物病院側はサイト管理者に削除を求めた。仮に「○月○日，××駅で人を殺します」のような書き込みであれば，その違法性は明らかである。この場合，サイト管理者は，その書き込みを削除し，書き込んだ者を特定する情報とともに警察へ通報すべきである。また，顔写真・実名・住所・電話番号などが掲載された場合も，プライバシー保護の観点から即座に削除されるべきである。

　しかし，例のような場合では，サイト管理者はどのように対応すべきか苦慮する。というのは，仮にこの書き込みがまったくのでたらめであった場合，この書き込みをそのまま放置しておくことは，被害を増大させることになる。当の動物病院は削除を求めてくるだろうし，サイト管理者はそれに従い削除するだろう。しかし，この書き込みが真実であった場合，書き込みはある種の公益性をもつ告発となり，動物病院の被害者を増やさないためにも削除すべきではないとも考えられる。

　インターネットでは，誰もが匿名で自由に発信できる一方，その書き込みの内容の真偽を簡単には確かめることができないという側面がある。とは言え，何もせず放置すれば，時間の経過に伴いさらに被害が拡大する。しかし，それを理由に投稿を削除すれば表現の自由を根拠に管理者は投稿者から「削除が不当」と訴えられる可能性もある。

　サイト管理者は，書き込んだ方と書き込まれた方の双方から訴えられる可能性の中で，この投稿の扱いについて難しい判断を迫られることになる。最も安易な対応は，当のコミュニケーションサイトを閉鎖することである。しかし，それはデジタル社会の自由な表現の場やビジネスの場としての役割を制限するものであり，決して望ましいことではない。そこで，プロバイダ責任制限法は，このような事態に際してサイト管理運営者 13) がとるべき手順を明確にし，彼がそれに従う限り責任を問われないとしている。

　また，誹謗中傷にあった場合，被害者は損害賠償を行うため，その書き込みをした者を特定する情報を，サイト管理運営者やプロバイダへ照会する。しかし，その個人情報を安易に公開することは，通信の秘密やプライバシー保護の観点から問題が生じる。そこで，この法律はその公開の手順も定めている。

　このプロバイダ責任制限法は，例にあげた誹謗中傷のみならず，プライバシーや著作権などの権利侵害がインターネット上のコミュニケーションにおいて生じた場合に，その場を提供するサイト運営

13) サイト管理運営者
　ここでは，SNSや電子掲示板のサービスを提供している者のこと。掲示板以外のサーバの管理運営者や一般的なプロバイダもこの法律に関わる。

14）特定電気通信役務提供者の損害賠償責任の制限及び発信者情報の開示に関する法律

法律の概要および逐条解説は以下を参照。
http://www.soumu.go.jp/main_sosiki/joho_tsusin/top/denki_h.html

2021年4月21日，大きく改定された案が衆議院で可決され成立した。施行は2022年とされている。

15）特定電気通信役務提供者

大学や企業であっても，条件をみたせば，他の事業者と同様に特定電気通信役務提供者となる。

総務省「特定電気通信役務提供者の損害賠償責任の制限及び発信者情報の開示に関する法律－逐条解説－」（2017年1月）p.5

16）権利侵害

総務省「特定電気通信役務提供者の損害賠償責任の制限及び発信者情報の開示に関する法律－逐条解説－」（2017年1月）p.2

者およびユーザ情報を有するプロバイダへなすべきことを明示し，合理的な解決へ導くことを目的にしている。それは，私たちがインターネット上で権利侵害にあった場合に私たちを救済する法律である。一方，この法律は，サイト管理者等の義務を定め彼らの責任の範囲を定めたという点では，彼らを保護する保護する法律でもある。

4.4.2 法律の概要

プロバイダ責任制限法は，正式には「特定電気通信役務提供者の損害賠償責任の制限及び発信者情報の開示に関する法律」[14] といい，2002年5月に施行された。この「特定電気通信」とは，「不特定の者によって受信されることを目的とする電気通信の送信（第2条2）」のことをいい，そのための設備を用いて「他人の通信を媒介し，その他特定電気通信設備を他人の通信の用に供する者（第2条3）」を「特定電気通信役務提供者」[15] という。具体的にはSNS，Webページや電子掲示版などの運営管理者，インターネット放送やホスティングサービス，インターネット接続サービスなどを行っている者がこれにあたる。

この法律は，SNSやインターネット放送におけるすべての有害情報に対応するものではなく，法律で守られるべき個人の権利が不法行為などによって侵害される「権利侵害[16]」に限られる。具体的には，著作権侵害，名誉毀損，プライバシー侵害などを想定している。わいせつ情報や児童ポルノなどは，刑法に抵触するものであっても，個人の権利を侵害しないことから，この法律の対象ではない。また，有害であっても法令に違反しない暴力情報や自殺の方法なども，特定の個人や法人の権利を侵害しないものであるから対象外とされている。

この法律が定める手順を具体例で追ってみる。例えば，前項の動物病院が，サイト管理者に対して自らが不利益となる書き込みの削除を要求したとしよう。この場合，**図4.4**のフローチャートに従うことになる。まず，①問題となっている権利侵害の書き込みの存在を，サイト管理者が知っているかである。これは，一見すると管理者として管理の不十分さが問われているように見えるかもしれない。しかし，管理者がサイト内のすべての書き込みを把握することは難しい。さらに，管理者による常時監視が，発信者の自由な発言を阻害する可能性もある。ここは，利用者の発言を常時把握しておくことを要求しているのではなく，もし被害者より削除依頼のメールなどで，管理者が権利侵害情報があることを知ったならば，それ

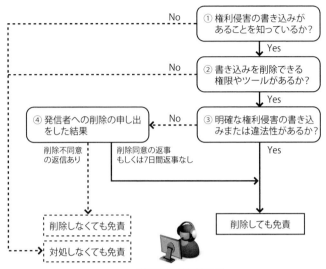

図 4.4　権利侵害の書き込みに対する削除手順（送信防止措置手続）

条文とその逐条解説から，必要最小限の手順をフローチャートにまとめた。なお，「権利侵害の書き込みがあることを知っているか」には，それを知ることができたと認められる合理的理由がある場合も含まれる。図中の「免責」は掲示板管理者が責任を問われないことを示す。

対して②の対応をすべきであることを示している。それは直接削除を依頼されない場合でも同様である。次に管理者は，②問題の書き込みを削除できる手段をもっており，③その書き込みが明らかに権利侵害であったり違法性があれば，「送信を防止する措置」として削除しなければならない。

　ここで違法性の有無の基準は，以下のものとされている [17]。

- ・住所や電話番号など，通常は明らかにされることのない私人のプライバシー情報が書き込まれていた場合。
- ・事実であっても公共の利益にあたらない情報が書き込まれている場合。
- ・明らかに公益目的でない誹謗中傷が書き込まれている場合。例えば，名誉毀損の違法性阻却がない場合など。

　しかし，その書き込みが誹謗中傷なのか，社会正義のための告発なのか不明な場合は，④発信者に削除依頼があることを伝え，同意が得られたり，あるいは 7 日以内 [18] に回答がない場合は，削除しても発信者から責任を問われない。もし削除不同意の返事があった場合には，問題の書き込みを放置しておいても，被害者からの訴えに責任を取る必要はない。

　発信者情報開示請求の場合もほぼ同様に，**図 4.5** のフローチャートに従うことになる。まず，①問題となる権利侵害の書き込みの存在を管理者が知っているかどうかから始まる。そして，発信者について要求されている情報をもっているかが問われる。その情報とは

17）違法性のガイドライン

　違法性の有無に関する実際の判断基準は，私人や公人の場合などより緻密であり，多くのプロバイダが意見交換を経て決定されている。例えば，下記。
「プロバイダ責任制限法名誉毀損・プライバシー関係ガイドライン」
https://www.telesa.or.jp/ftp-content/consortium/provider/pdf/provider_mguideline_20180330.pdf
「一般社団法人セーファーインターネット協会（SIA）「権利侵害明白性ガイドライン」
https://www.saferinternet.or.jp/wordpress/wp-content/uploads/infringe_guidenline_v0.pdf

18）7 日以内

　私事性的画像記録の提供等による被害の防止に関する法律（平成 26 年法律第 126 号）第 4 条は，リベンジポルノ画像などが流通した場合について，本法律の例外を定め，照会期間を 2 日に短縮している。

図 4.5　権利侵害の書き込みの発信者情報開示の手順

条文とその逐条解説から，必要最小限の手順をフローチャートにまとめた。

ただ，図 4.4 の場合と異なり，発信者へ同意が得られない場合に次へ進めるタイムリミットがない。ここで，発信者開示請求は停滞することが多い。その際は，裁判所に対して，損害賠償のために発信者情報開示仮処分申立を行う場合が多い。

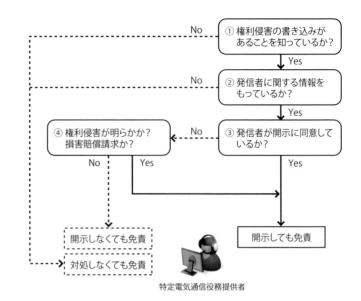

特定電気通信役務提供者

以下のようなものである。

- ・発信者の名前または住所
- ・発信者の電話番号
- ・発信者のメールアドレス
- ・発信者の PC の IP アドレス
- ・権利侵害の書き込みがなされた日時

19）発信者情報

被害者の救済の観点からは，開示される情報の幅は広くすることが望ましいが，発信者のプライバシー，通信の秘密も保護されなければならない。発信者情報の範囲は，政令において制限されている。

執筆当時最新のものは，下記である。
「特定電気通信役務提供者の損害賠償責任の制限及び発信者情報の開示に関する法律第 4 条第 1 項の発信者情報を定める省令の一部を改正」令和 2 年 8 月 31 日公布施行。電話番号が発信者情報として追加された。発信者の電話番号が判明すれば，弁護士会を通じて電話会社へ住所氏名を照会できるからである。

もし上記のような発信者情報[19] を有していなければ開示しようがないが，もし有している場合には，③発信者へ当該情報を照会元に開示してよいかどうかを問い合わせる。そこで同意が得られれば開示することになる。しかし，不同意の場合は，④その書き込みが明らかな権利侵害であるかを判断することになる。もし Yes であれば，開示してもその責任を発信者から問われることがない。一方，No であれば，開示しなくてもその責任を請求者から問われることはない。③で発信者情報開示の同意が得られない場合は，被害者は裁判所に対して発信者情報開示仮処分申立を行う場合が多い。その場合④は損害賠償請求を目的とした開示請求となり，Yes へと進むこととなる。

以上のように，この法律は，サイト管理者やプロバイダなどが，自分が管理しているサイトで誹謗中傷などの権利侵害があり，削除や発信者情報の開示を請求された場合，どのような手順を取るべきかを示している。それは，サイト管理者やプロバイダが損害賠償の

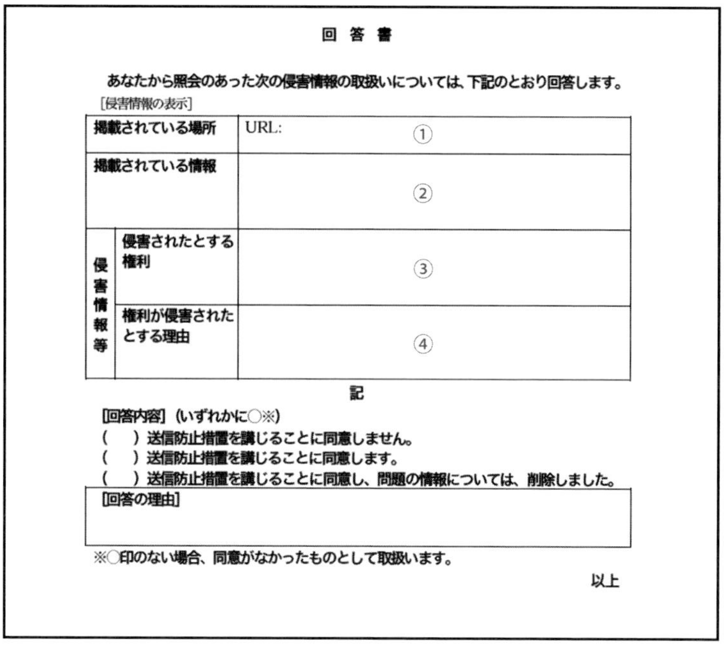

回 答 書

あなたから照会のあった次の侵害情報の取扱いについては、下記のとおり回答します。

[侵害情報の表示]

掲載されている場所	URL：	①
掲載されている情報		②
侵害情報等	侵害されたとする権利	③
	権利が侵害されたとする理由	④

記

[回答内容]（いずれかに○※）

（　）送信防止措置を講じることに同意しません。
（　）送信防止措置を講じることに同意します。
（　）送信防止措置を講じることに同意し、問題の情報については、削除しました。

[回答の理由]

※○印のない場合、同意がなかったものとして取扱います。

以上

図 4.6　発信者からの回答書
　プロバイダ責任制限法対応事業者協議会作成「名誉毀損・プライバシー関係書式」より。最後に「回答の理由」を記すようになっている。
http://www.isplaw.jp/p_form.pdf

対象にならないようにするためでもあるが，むしろ第一にはインターネット上で起こっている権利侵害をいかに解決するかを目的としているとみてよい。

4.4.3　発言者の責任

　立場を変えて，もし自分が電子掲示板上で誹謗中傷に遭った場合，削除請求や開示請求のために何を行えばよいのだろうか。メールなどで管理者に削除要求を出すことになるが，請求書式はプロバイダ責任制限法対応事業者協議会[20]のWebページから入手することができる。例えば，名誉毀損・プライバシー侵害の削除請求の場合は，「侵害情報の通知書（名誉毀損・プライバシー）」に以下の内容を記述し削除してほしい旨を添え，掲示板管理者（特定電気通信役務提供者）を介して発信者へ提出する。

①掲載されている場所：URL，電子掲示板の名称，書き込み場所，日付ファイル名など特定に必要な情報
②掲載されている情報：例えば，自分の経営する動物病院の実名，電話番号，所在地を掲載した上で「診察してもらうと必ず殺される」と，動物を虐待するような書き込みがされた。
③侵害された権利：名誉毀損
④権利が侵害された理由：患者が減った上，嫌がらせの電話とメー

20）プロバイダ責任制限法対応事業者協議会
　電気通信事業者などがWebなどにおける権利侵害に適切かつ迅速に対処することができるよう，ガイドラインの検討などを行うため，プロバイダの団体，著作権関係の団体，インターネット関係の団体を構成員とし，学識経験者，法律の実務家，海外の著作権関係団体などをオブザーバとして2002年2月に設立された。
　同協議会が運営する「プロバイダ責任制限法関連情報Webサイト」では，法律の趣旨，条文，逐条解説，発信者開示，送信防止措置のガイドラインが用意されている。
http://www.isplaw.jp/

ルが多数寄せられ，精神的苦痛を被った。

　発信者は，削除に応じるか否かを掲示板管理者へ回答する（**図4.6**）。このとき，7日を経過しても回答が得られない場合は，管理者はその書き込みを削除できることはすでに述べた。特筆すべきは，発信者は回答するうえで削除への同意・非同意の理由を添えなければならない点にある。つまり，発信者には，削除に不同意であればそれが正当であることを立証する責任が生じるのである。先の動物病院事件を例にとれば，民事裁判において，動物病院が虐待を行っていることを，発信者自ら証明する必要があるということである。つまり，この法律は掲示板管理者などの責任の範囲を制限し，保護することを目的としているが，同時に，発信者に対しても電子掲示板やSNSなどでの発言に責任があることを明確にしたものであるともいえよう。いたずらに誹謗中傷を行うことにより，多大な損害賠償など相当のペナルティが課されることがあることを忘れてはならない。

4.4.4　プロバイダ責任制限法の成果と課題

　以上，この法律について概要とそこで定められている権利侵害解決のための手続きについて概観してきた。誹謗中傷についての議論には必ず提案されるインターネット免許制度を念頭に，この法律は次の点で評価できよう。

- ・プロバイダの責任範囲を明確にした。
- ・検閲やインターネット免許制によるのではなく，表現の自由を尊重した問題解決の手順を示した。
- ・当事者同士による解決（裁判）への道筋をつけた。
- ・発信者開示の実務的な手続きにおいて，発信者の責任を明確にした。

その一方で，発信者情報開示に時間がかかり，示談や裁判などが長期化するという課題が残った。発信者の氏名や連絡先を取得していない匿名のコミュニティサイトで「死ね」などの誹謗中傷を受けたとしよう。その場合，被害者は損害賠償請求を行うため，いったん匿名サイトへ発信者開示の依頼を行う。そこで同意を得られない場合は，裁判所に対して発信者情報開示仮処分申立を行う。そこで得られたIPアドレスからインターネット接続プロバイダを調べ，そのプロバイダを相手にそのIPアドレスを使用していた者の発信者情報開示請求の訴訟を行い，それが通ればようやく発信者の氏名住

トピックス⑥ 誹謗中傷，書き込みをした者の立証責任について

「インターネットは匿名」という誤解から，インターネット上の誹謗中傷が後を絶たない。書き込んだ方と書き込まれた方だけではなく，Webや電子掲示板などの管理者も第三の当事者となってしまうのが特徴であり，彼らを法的に保護するのがプロバイダ責任制限法[*1]の目的であることはすでに述べた。その一方で，この法律は情報発信者に対しても厳しい責任を求めていることはあまり知られていない。

書き込みの削除を例にとってみる。名誉毀損されたと削除要求があった場合，掲示板管理者は，書き込んだ者に対してその旨を伝える。書き込んだ者がそれに同意するということは，内容は真実であったとしても，自分の書き込みが人に迷惑をかけたことを認めたことに近い。また，無視することも同意とみなされる。一方，削除要求を拒否した場合はどうなるだろうか。その旨を伝える「発信者からの回答書」[*2]には，削除を拒否する理由を添えなければならない。一見すると何気ないことと思えるが，これには大きな意味がある。

例えば，電子掲示板に「○○先生が暴力を振るって困ります」と実名で書き込まれ，それに対して当の教員が削除を求めた際に，書き込んだ者は削除に同意しない場合は「それは真実であるから」などの理由を回答書に記載しなければならない。この理由は，裁判の過程で発信者の主張を正当とする根拠となる。そして，その根拠が事実であることを発信者自身が証明する必要がある。つまり，裁判所に○○先生が暴力を振るっている証拠を示さなければならない。書き込んだ者は，削除要求を受け入れれば自分の非を認めることになり，拒否すれば書き込みに正当な理由があることを自ら証明しなければならず，どちらにせよ書き込んだ内容について何らかの責任をとらなければならなくなる。

誹謗中傷やネットいじめなどに対して，最近では学校でもネットの向こう側に人がいると教えるようになった。確かに，「相手を思いやる気持ちは大切」と子どもたちへ教えることは重要である。しかし，インターネット上に何かを書き込むということは，道義的な責任だけではなく，名誉毀損・損害賠償などの裁判における立証責任があることも，子どもたちに教えるべきであろう。それは，インターネットという公的な場での発言に対しての責任であるからだ。

*1 プロバイダ責任制限法
正式には，「特定電気通信役務提供者の損害賠償責任の制限及び発信者情報の開示に関する法律」。本文 p.120 を参照。

*2 発信者からの回答書
本文 p.125 図 4.6 を参照。

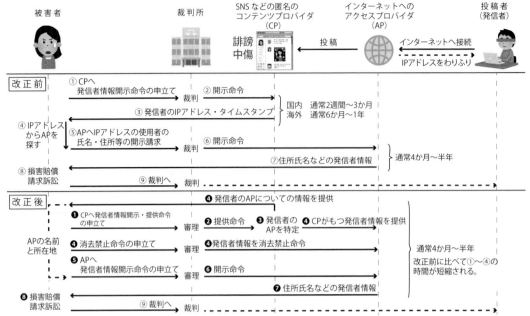

被害者　　　　　　　　　　　裁判所　　　　SNSなどの匿名の　　　インターネットへの　　　　　投稿者
　　　　　　　　　　　　　　　　　　　　　コンテンツプロバイダ　アクセスプロバイダ　　　（発信者）
　　　　　　　　　　　　　　　　　　　　　　　（CP）　　　　　　　（AP）

誹謗中傷　　　　← 投稿　　　　　インターネットへ接続 →
　　　　　　　　　　　　　　　　IPアドレスをわりふり

改正前
① CPへ　発信者情報開示命令の申立て　裁判　② 開示命令
③ 発信者のIPアドレス・タイムスタンプ　｛国内　通常2週間〜3か月／海外　通常6か月〜1年｝
④ IPアドレスからAPを探す
⑤ APへIPアドレスの使用者の氏名・住所等の開示請求　裁判　⑥ 開示命令
⑦ 住所氏名などの発信者情報　｝通常4か月〜半年
⑧ 損害賠償請求訴訟　⑨ 裁判へ　裁判

改正後
❹ 発信者のAPについての情報を提供
❶ CPへ発信者情報開示・提供命令の申立て　審理　❷ 提供命令　❸ 発信者のAPを特定　❹ CPがもつ発信者情報を提供
APの名前と所在地　❸ 消去禁止命令の申立て　審理　❹ 発信者情報を消去禁止命令
｛通常4か月〜半年　改正前に比べて①〜④の時間が短縮される。
❺ APへ　発信者情報開示命令の申立て　審理　❻ 開示命令
❼ 住所氏名などの発信者情報
❽ 損害賠償請求訴訟　⑨ 裁判へ　裁判

図4.7　発信者開示の実務
損害倍賞請求訴訟までの時間を短縮するために，プロバイダ責任制限法が改正された。その実務を下記を参考にまとめた。
発信者情報開示の在り方に関する研究会　最終とりまとめ
https://www.soumu.go.jp/main_content/000716827.pdf

21）公訴時効
犯罪が終わった時点から一定期間すぎると検察が公訴できなくなる制度。名誉毀損は3年，侮辱は1年から3年に延長された。2022年7月7日施行。

22）プロバイダ責任制限法の改正
誹謗中傷をされた場合，損害賠償請求までの発信者情報開示の裁判手続きを簡略化し，裁判は1回のみとする手順，ログイン・ログアウトのIPアドレスを侵害時のものとみなす手順が定められた。2022年10月1日施行。

23）スラップ訴訟
Strategic Lawsuit Against Public Participation の頭文字をとって「スラップ」と呼ぶ。企業などの強者が，裁判費用が十分ではない個人などに対して，恫喝や発言封じといった不当な目的のために起こす訴訟のこと。

所などが入手できた。つまり，損害賠償請求の裁判を起こすまで，2回の裁判に勝訴しなければならない（**図4.7**）。

上記以外に，IPアドレスからその者が使用していたインターネットプロバイダを被害者が割り出すのにも時間がかかる場合がある。IPアドレスが別のプロバイダに貸し出されている場合があるからである。相手を訴えるのに準備期間を入れたらほぼ1年かかることも珍しくなかった。相手を侮辱罪で処罰しようにも以前は公訴時効[21]が今より短いため，起訴ができなかったり，Twitterのように，投稿時のIPアドレスを取らずにログイン・ログアウトのものしか保存しないサイトがあったり，ログが短期間で削除される場合など誹謗中傷されても裁判にかけること自体が困難であった。このような状況を改善すべく，2021年にプロバイダ責任制限法の改正[22]にあわせて，発信者情報開示の手続きが簡素化されるとともに，開示対象者のログの保存が義務付けられた。また，公訴時効が延長された。これによって，損害賠償請求訴訟や起訴までのハードルが下がり，誹謗中傷を行った者へその責任を追及しやすくなった。

一方，発信者が開示されやすくなることで，企業のパワハラや汚職などを追求する正当な発言を黙らせるためのスラップ訴訟[23]が増え，発言の自由が侵害されやすくなるのでは，という批判もある。

プライバシーと個人情報

デジタル社会では，プライバシーをどう守るかが課題である。いったん個人情報が漏えいすると，すさまじい速さで拡散していく。勝手に加工されることも，他の情報とマージされ，いつの間にか私たちを評価する指針となっていることもある。

そもそもプライバシーとは何であろうか，個人情報との違いはどこにあるのか，まずは，そこから整理してみる。

4.5.1　プライバシー，個人情報にかかわるトラブル

人に知られたくないことや，プライバシーにかかわることは誰でももっているだろう。デジタル社会では，それらの情報がひとたびインターネットに公開されれば，即座に拡散する。また，自ら公開した写真であっても，それが他人におもしろおかしく使われることもある。それらによって，穏やかな日常を送れなくなる場合もある。

■スターウォーズキッド [24]

15才のある少年は「なんか街の人が僕を見て笑うなあ」と街を歩いているたびに感じた。彼が「スターウォーズ エピソード1：ファントム・メナス」のダース・モールになりきって棒を振り回している姿の動画を，同級生が勝手にインターネットにアップしたのだ。その動画は通算12億回以上再生された。その後，彼の動画は次々と加工されネットに投稿されるようになり，さらに，少年らしきキャラクタがゲームやアニメに登場するまでになり，彼は「スターウォーズキッド」というニックネームの超有名人になった。

しかし，彼は，これが原因で人々から嫌がらせと嘲笑を受け，学校ではいじめにもあい不登校になったという。その後，少年と彼の家族は，動画を勝手に公開した同級生に対して225,000カナダドルの賠償を求める裁判を起こし，その後和解した。

クリエータもかかわるようなこの行為には，必ずしも悪意があったわけではない。むしろ，エンターテインメント性を求めていたと思われる。しかし，それは彼の肖像権やプライバシー権を侵害する行為であった。同様の事件は日本でもあった。ある少年たちが撮ったプリクラをSNSのプロフィール画像に使ったところ，その写真だけが「バカ画像」「殺人犯」[25]とネットに拡散していった。スターウォーズキッドの少年もプリクラの少年たちも，勝手に自分の顔や

24）**スターウォーズキッド**
少年の動画がおもしろおかしく加工されネットに公開されただけではなく，少年をスターウォーズに登場させようという署名活動も行われた。
この事件はBBCなどで取り上げられた。
BBC NEWS "Star Wars video prompts lawsuit"
http://news.bbc.co.uk/2/hi/technology/3095385.stm
バスプラスニュース「スターウォーズで人生が狂った少年/ジョージルーカスも同情！立ち直って文化遺産団体会長になっていた」
https://buzz-plus.com/article/2015/12/21/star-wars-kid/

25）**「バカ画像」「殺人犯」**
被害にあった少年が，後日，当時について語っている。
「チャリで来た彼が行き着いた先。日本一有名なプリクラに写った男の逆転劇」
https://woman.mynavi.jp/article/200430-4/

26）穏やかに自分らしく生
活する
　プライバシー権や後に述べ
る肖像権など人が幸福に生き
る権利は,「幸福追求権」と
して日本国憲法第13条で保
証されている。

姿が利用される，知らない人に勝手に自分を評価されることに怖さ
や不快を感じ，穏やかに自分らしく生活する[26]ことができなくなっ
たと語っている。

　図4.2で説明したTBC顧客情報流出事件では，一般人の感受性
から公開してほしくない体型にかかわる恥ずかしい情報が，個人を
特定する情報とともに拡散した事例であった。2021年には仕事の
進み具合を管理するアプリケーションの設定ミスから，就職活動中
の学生の氏名や学歴が広く公開されてしまった例もある。これらは
明らかにプライバシーの侵害である。

　また，一見するとプライバシーにあたらないような公開情報で
あっても場合によってはプライバシーの侵害になる場合がある。

■宇治市住民基本台帳漏えい事件[27]

　1999年，宇治市の住民基本台帳21万7608件の個人情報が，イ
ンターネット上に名簿業者の商品として掲載されていた事件。この
情報は実際に販売され，宇治市民へのダイレクトメールなどに使用
された。流出したデータには，住所，氏名，性別，生年月日に加え，
転入日，世帯主名，世帯主との続柄など家族構成も含まれているこ
とから，裁判所はプライバシー侵害と判断した。

　この住民基本台帳を名簿業者へ売却した者は，その当時，市役所
の指示のもとで乳幼児検診システムの開発に携わっていた大学院生
である。当時は個人情報保護法がなかったゆえ，住民基本台帳を第
三者へ販売することに違法性がなく，この大学院生は不起訴となっ
た。

　その後，住民基本台帳のデータは買い戻されたが，すべてが回収
されたわけでない。住民にとっては，自分たちの情報がいつかどこ
かで販売されているのではと不安にかられたという。

　このように個人情報が金銭目的で盗まれ売却された例は他にもあ
る。2014年，通信教育の最大手ベネッセコーポレーションから顧
客情報3504万件が流出した。漏えいした情報は，子どもや保護者
の氏名，住所，電話番号，性別，生年月日などである。グループ会
社のシステム担当者がこれらの情報を持ち出し名簿業者に売却し
た。こちらも，ベネッセの顧客に，ベネッセのみに登録した個人情
報を使って他社からダイレクトメールが届くようになったのが発覚
のきっかけであった。

　ベネッセの事件は，宇治市の場合と同じプライバシー侵害である
が，TBCの場合と比べ，その侵害の程度は低いとされる。それは，

後者がプライバシーの中でも，秘匿性，非公知性，感情侵害性の程度の高い「プライバシー固有情報」であり，前者は秘匿性などの程度の低い「プライバシー周辺情報」があるからである。

　しかし，たとえ秘匿性の低い個人情報であっても，組織にとっては重要な財産であり，それは顧客が希望する利益につながるよう使うべきものである。また，名簿がいったん漏えいすればさらに転売されるなど悪用される可能性もある。さらに，デジタル社会では，紙媒体で顧客情報を管理していたときに比べ，USB メモリなどで何千万件の情報を一挙に持ち出すことができる。その被害はアナログの時代とは比べものにならないほど大きくなることから，個人情報を法的に保護する必要性がある。

　以上，デジタル社会において，個人情報やプライバシーにかかわるトラブルをみてきた。個人情報を保護することがプライバシーの保護につながることは確かである。しかし，それですべてのプライバシーを保護できるのかどうかを判断するには，個人情報とプライバシーの関係をもう少し吟味する必要がある。これについては，本節後半であらためて論じることとする。

4.5.2　肖像権

　プライバシーにかかわるものとして肖像権がある。肖像とは，ある特定の人の容姿やその画像などをいう。この肖像に対して，下記のような行為はいずれも肖像権侵害となる。

①無断で肖像を撮る。
②無断で肖像を公表する。
③無断で肖像を営利に利用する。

　①はみだりに自分の姿を公開されて恥ずかしい思いをしたり，つけ回されたりするおそれなどから保護するため，②は肖像がプライバシーと同様に保護すべき対象であるからである。③はパブリシティ権と呼ばれるもので，肖像の顧客吸引力を排他的に利用する権利である。有名人の写真を勝手に撮り販売したり，勝手に商品キャラクタに使用すると③のパブリシティ権を侵害したことになる。

　スマートフォンのほとんどにはカメラがついていることが多く，容易に写真を撮ることができる。他人の姿を撮る場合は，①②に注意が必要である。できるならば，撮影や投稿の許可をとるべきである。しかし，街の風景などを撮影した写真の一部にたまたま特定の個人が写り込む場合もある。そのような場合や，不特定多数の者の

姿を全体的に撮影した場合，公共の場などプライバシーの度合いが低い場所で撮影した場合は，肖像権の侵害になりにくいと言われている。

4.5.3　デジタル社会とプライバシー権

ここで改めて，プライバシーとは何か[28]について整理する。プライバシーとは，「私生活をみだりに公開されない権利」とされている。そして，以下の事柄が，本人の同意なく明らかにされることをプライバシーの侵害[29]とする。

- 私生活上の事実，または，事実らしく受け取られるおそれのある事柄
- 一般人の感受性を基準にして当該私人の立場に立った場合，公開を欲しないであろうと認められる事柄
- 一般の人にいまだ知られていない（非公知性の）事柄

プライバシーの必要性は，私人が一般の好奇心の的になり，あるいはその私人をめぐって様々な揣摩憶測（しまおくそく）が生じると，その私人は心の平穏を乱され，精神的な苦痛を感じるようになるからとされている。特に，マスメディアの発達により，私生活を広く公開される機会も増えた。それによって個人の尊厳を保ち幸福の追求を保障することが難しくなり，プライバシーを保護することは必要不可欠となった。それは，インターネットが発達したデジタル社会となった現代でも同様である。

■一人にしてもらう権利

さて，最初にプライバシーの概念を明確にしたのは，アメリカの弁護士のウォーレンとブランダイスであった。1890年，彼らは論文「プライバシーの権利」の中で「一人にしてもらう権利（the right to be let alone）」[30]をプライバシー権と定義した。これは，みだりに私的生活領域へ侵入されたり，他人に知られたくない私生活上の事実や情報を公開されない権利という意味合いがあり，先の定義と重なるところが大きい。また，同じマスメディアの取材などから自分たちの尊厳を守るという点でも共通している。

■自己情報コントロール権[31]

現代社会では，私の情報は私の生活空間にないことも多い。例えば，私のカルテは病院のサーバの中にあり，私の手元にはない。コンビニエンスストアへ行けば防犯カメラに撮られる。携帯電話やインターネットの履歴もどこかのサーバに保管されている。そのよう

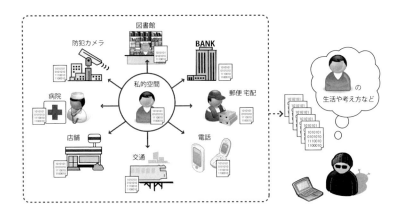

図 4.8　ばらばらの個人情報
も集まればプライバシー
　個人情報は，銀行，病院，
コンビニの防犯カメラ，電話
会社，図書館などいたるとこ
ろに保存されている。これら
の情報を一か所に集めること
ができたら，個人の生活のほ
とんどを盗撮しているのと同
じことになるだろう。

な情報にはプライバシーにかかわる情報が含まれていることもあれ
ば,そうではない場合もある。1つひとつは些細な情報であっても，
誰かがそれらをすべて集めマージすれば，私の日常的な行動は丸見
えになり，場合によっては私がどういう考え方をするかもわかって
しまうかもしれない（図 4.8）。

　このような状況では，一人にしてもらうことだけでは，私たちの
プライバシーを守りきれない。そこで，ウェスティンは，1967 年,
「他人が自己について，どの情報をもち，どの情報をもちえないか
をコントロールすることができる権利」，言い換えれば，他者が管理
している自己の情報について訂正・削除を求めることができる権利
があることを提唱した。これが自己情報コントロール権である。こ
の概念は，後に述べる個人情報保護法にも反映されている。

■忘れられる権利

　過去に犯罪を犯したが罰金を支払い罪を償った人が「インター
ネットの検索サイト Google で自分の名前を検索すると，過去に犯
した犯罪が表示される」として，検索結果から自分の犯罪歴を削除
するように求めた。これはプライバシー権の 1 つで「忘れられる
権利」と知られている。2012 年の EU「一般データ保護規則集」に
「正当な理由さえあればネットの上に存在する自分に関する個人の
データというものをその事業者に削除を要求できる権利」として記
載されている。

　確かに更生し新たな生活を営もうとする人にとっては，過去の犯
罪歴がいつまでもついてくることは避けたいだろう。その一方で，
国民には知る権利がある。例えば，チャイルドポルノなど常習性が
ある犯罪を犯した者であれば，近隣の人たちにとって，その人の所
在は知っておきたい情報であろう。

である。」
最高裁 2003/9/12 第 二 小 法
廷，平 成 14 年（受）1656
判決文より

32）一定の基準で検索結果
からの削除
　次の観点で，その事実が公
表されない利益と，検索結果
を提供する理由を比較検討す
るべしとの最高裁の判断であ
る。
1. 検索結果に表示されるプ
　ライバシーの性質及び内
　容
2. 検索結果に表示されるこ
　とで，その者のプライバ
　シーに属する事実が伝達
　される範囲とその者が被
　る具体的被害の程度
3. その者の社会的地位や影
　響力
4. 検索結果に表示された記
　事等の目的や意義
5. 上記記事等が掲載された
　ときの社会的状況とその
　後の変化
6. 上記記事等にその事実を
　記載する必要性
　本文で取り上げた事件で
は，罪状が児童買春であり社
会的に強い非難の対象である
こと，居住する県と氏名がわ
からないと検索結果は表示さ
れないことなどから，検索結
果の削除は認められなかっ
た。詳しくは下記判決文を参
照。
平成 28 年（許）45　投稿記事
削除仮処分決定認可決定に対
する抗告審の取消決定に対す
る許可抗告事件
平成 29 年 1 月 31 日第三小
法廷

https://www.courts.go.jp/app/files/hanrei_jp/482/086482_hanrei.pdf
　検索結果を削除するように命じた判決については下記を参照。
日本初，グーグルに検索結果削除命令　EU「忘れられる権利」判決も影響
https://newsphere.jp/national/20141014-1/

33）データポータビリティ権
　データ管理者から本人が自らのデータを扱いやすい電子的な形式で取り戻す権利。各企業ごとに個人データを囲い込み，ビッグデータなどの共同利用ができず，国際競争力強化につながらない背景がある。EU一般データ保護規則（GDPR）20条。

34）個人情報の保護に関する法
　一般的にこれが個人情報保護法と呼ばれている。
https://elaws.e-gov.go.jp/search/elawsSearch/elaws_search/lsg0500/

　最高裁判所は，犯罪歴などの事実が公表されない利益と，検索結果を提供する理由とを考慮して判断するべきとし，一定の基準をみたせば検索結果からの削除[32]できるとした。上の案件では削除は認められなかったが，別の案件では，東京地裁はグーグルに対して，ある人が過去に犯罪行為をしたかのように連想させる230件の検索結果のうち120件を削除するように命じた。

　忘れられる権利は，自己情報コントロール権を一歩進めたものと言える。さらには自己情報の利用停止権，データポータビリティ権[33]なども現れ，プライバシーは拡大傾向にある。そのような中，プライバシーとはいったい何であろうか，その明確な答えは出しにくくなっている。

4.5.4　個人情報保護法
　ここからは個人情報保護法の目的と内容について整理をする。

■個人情報保護法成立の経緯
　個人情報がコンピュータで処理するようになり，国境を超えて使用されるようになることを考慮し，1970年にドイツのヘッセン州で世界で初めての個人データ保護法が制定された。その後，アメリカやフランスなどでも同様の法律整備が進む。その一方で，経済を発展させるためには，個人のプライバシーを保護しつつ個人データを流通させる必要があるということから，1980年，経済協力開発機構（OECD）が「プライバシーガイドライン」を勧告した。1995年，これをベースにEU「個人データの取扱いに係る個人の保護及び当該データの自由な移動に関する欧州議会及び理事会の指令（EUデータ保護指令）」を発する。これは，EU加盟国に個人情報保護（プライバシー保護）にかかわる法制度の共通化を求めるものである。その中に，EUデータ保護指令の水準に満たしていない第三国やその国の企業には個人データ移転を禁止する規定が含まれていることから，日本も個人情報をEU指令発令までに整備する必要に迫られた。1989年に行政機関の個人情報保護法が施行され，2005年に民間部門を対象とする個人情報保護法「個人情報の保護に関する法律[34]」が施行された。これは，2020年に「デジタル社会の形成を図るための関係法律の整備に関する法律」の成立を受け，2020年に今まで国の行政機関，独立行政法人，地方公共団体，民間などそれぞれで定められていた個人情報の保護についての法律を一本化するなど大きく改正され，2022年に全面施行することとなった。こ

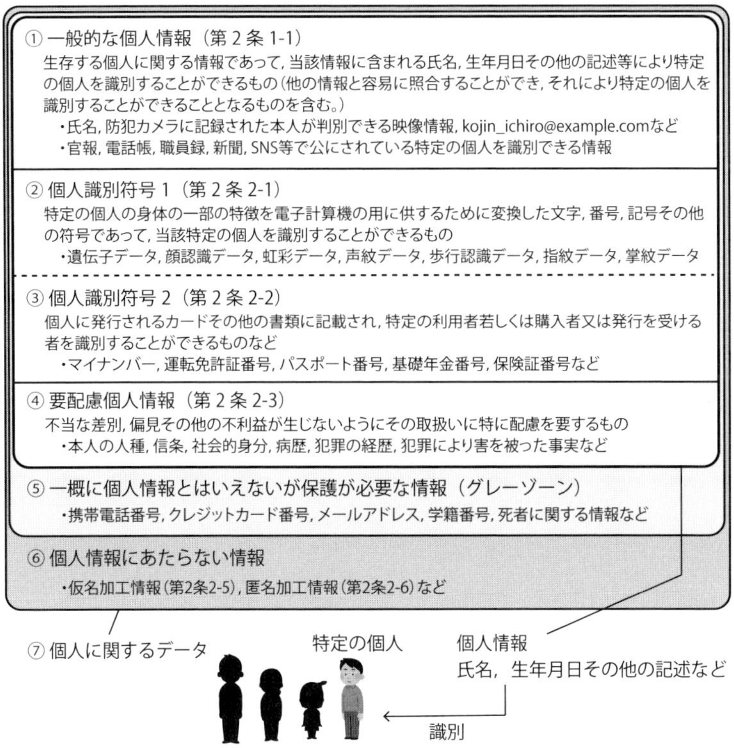

① 一般的な個人情報（第2条1-1）
生存する個人に関する情報であって，当該情報に含まれる氏名，生年月日その他の記述等により特定の個人を識別することができるもの（他の情報と容易に照合することができ，それにより特定の個人を識別することができることとなるものを含む。）
　・氏名，防犯カメラに記録された本人が判別できる映像情報，kojin_ichiro@example.comなど
　・官報，電話帳，職員録，新聞，SNS等で公にされている特定の個人を識別できる情報

② 個人識別符号1（第2条2-1）
特定の個人の身体の一部の特徴を電子計算機の用に供するために変換した文字，番号，記号その他の符号であって，当該特定の個人を識別することができるもの
　・遺伝子データ，顔認識データ，虹彩データ，声紋データ，歩行認識データ，指紋データ，掌紋データ

③ 個人識別符号2（第2条2-2）
個人に発行されるカードその他の書類に記載され，特定の利用者若しくは購入者又は発行を受ける者を識別することができるものなど
　・マイナンバー，運転免許証番号，パスポート番号，基礎年金番号，保険証番号など

④ 要配慮個人情報（第2条2-3）
不当な差別，偏見その他の不利益が生じないようにその取扱いに特に配慮を要するもの
　・本人の人種，信条，社会的身分，病歴，犯罪の経歴，犯罪により害を被った事実など

⑤ 一概に個人情報とはいえないが保護が必要な情報（グレーゾーン）
　・携帯電話番号，クレジットカード番号，メールアドレス，学籍番号，死者に関する情報など

⑥ 個人情報にあたらない情報
　・仮名加工情報（第2条2-5），匿名加工情報（第2条2-6）など

⑦ 個人に関するデータ　　　特定の個人　　　個人情報
　　　　　　　　　　　　　　　　　　氏名，生年月日その他の記述など

識別

図4.9　個人情報にあたるもの

図4.9　個人情報にあたるもの
　⑦は個人に関わるデータで，特定の個人を識別するか否かを問わないものである。パーソナルデータと呼ばれることもある。
　①〜④が個人情報である。⑤の携帯電話番号は，特定の携帯電話を識別するが，その契約者を特定することは通常はできず，また，契約者と使用者が異なることもよくあるから，個人情報とはみなされない。ただし，その使用者へのアクセスは可能であることから，保護は必要である。また，死者に関する情報は，個人情報が生存する個人にかかわるものであることから⑤に入る。特定の遺族を識別する情報が含まれる場合は①となる。
　⑥の匿名加工情報は，⑦より①②③④⑤を除いたもので，ビッグデータなどに使用できるものである。

こからは，そのなかで民間の事業者にかかわる箇所を解説する。

■個人情報保護法の目的[35]

　個人情報保護法の目的は第1条で次のように述べられている。個人情報を取り扱う事業者及び行政機関などについてこれらの特性に応じて遵守すべき義務などを定めることにより，「個人情報の適正かつ効果的な活用が新たな産業の創出並びに活力ある経済社会及び豊かな国民生活の実現に資するものであることその他の個人情報の有用性に配慮しつつ，個人の権利利益を保護することを目的とする」。

　個人情報保護法というと私たちのプライバシーを保護してくれるものと思いがちであるが，実際には，インターネットを活用したデジタル社会において，個人情報がビジネスを展開する上で有用であることを強調し，その上で，個人情報の活用に節度を設けない限り，名誉毀損，プライバシー侵害，肖像権侵害などが起こり得るとし，個人情報を取り扱う事業者が守るべき義務を定めたものとなっている。ここに，個人情報保護法のビジネス法的な側面がうかがえる。また，保護すべきものは，「権利利益」とし，人権に限らないとしている。

35）個人情報保護法の目的
　2020年に改正された個人情報保護法では，本文で引用した他に，「個人情報の適正な取扱いに関し，基本理念及び政府による基本方針の作成その他の個人情報の保護に関する施策の基本となる事項を定めること」「個人情報保護委員会を設置することにより，行政機関等の事務及び事業の適正かつ円滑な運営を図る」ことがあげられている。

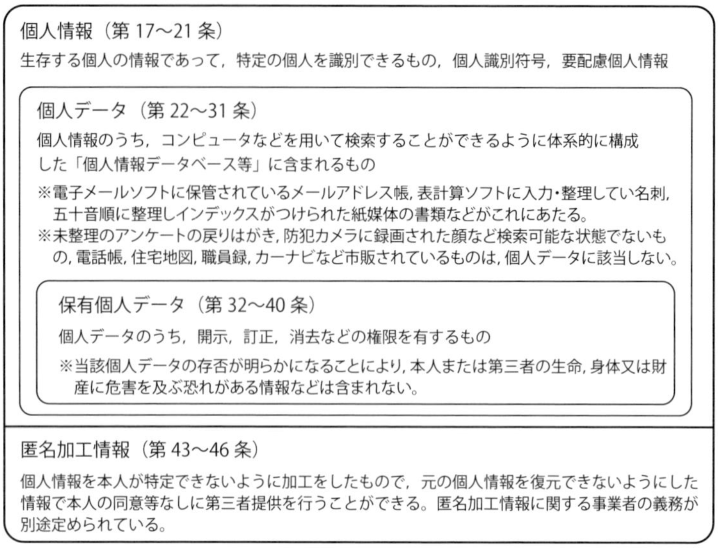

図4.10 個人情報の種類
下記を参照して作成した。
個人情報保護委員会（2021）「個人情報の保護に関する法律についてのガイドライン（通則編）」
https://www.ppc.go.jp/files/pdf/210101_guidlines01.pdf

なお，ここで取り上げたもの以外に「仮名加工情報」がある。これは，組織内で，「他の情報と照合しない限り特定の個人を識別することができないように個人情報を加工して得られる個人に関する情報」であり，組織内での目的外利用が可能となるものである。これを実施する仮名加工情報取扱事業者にも別途義務が定められている（第41〜42条）。

> **個人情報（第17〜21条）**
> 生存する個人の情報であって，特定の個人を識別できるもの，個人識別符号，要配慮個人情報
>
> > **個人データ（第22〜31条）**
> > 個人情報のうち，コンピュータなどを用いて検索することができるように体系的に構成した「個人情報データベース等」に含まれるもの
> > ※電子メールソフトに保管されているメールアドレス帳，表計算ソフトに入力・整理してい名刺，五十音順に整理しインデックスがつけられた紙媒体の書類などがこれにあたる。
> > ※未整理のアンケートの戻りはがき，防犯カメラに録画された顔など検索可能な状態でないもの，電話帳，住宅地図，職員録，カーナビなど市販されているものは，個人データに該当しない。
> >
> > > **保有個人データ（第32〜40条）**
> > > 個人データのうち，開示，訂正，消去などの権限を有するもの
> > > ※当該個人データの存否が明らかになることにより，本人または第三者の生命，身体又は財産に危害を及ぶ恐れがある情報などは含まれない。
>
> **匿名加工情報（第43〜46条）**
> 個人情報を本人が特定できないように加工をしたもので，元の個人情報を復元できないようにした情報で本人の同意等なしに第三者提供を行うことができる。匿名加工情報に関する事業者の義務が別途定められている。

■個人情報の定義

　個人情報は，第2条にて定義された「生存する個人に関する情報であって，当該情報に含まれる氏名，生年月日その他の記述等により特定の個人を識別することができるもの」を基本とし，**図4.9**で示した①〜④からなる。①の個人情報の具体例[36]として，SNSなどに公開されている顔写真がある。これはプライバシーの条件の1つである非公知性と相反する。これより，個人情報とプライバシー情報とが必ずしも一致しないことがわかる。

　また，要配慮個人情報は，個人情報のなかでも特に保護が必要なもので，個人情報保護法のなかで位置づけられている。一般的には「センシティブデータ　Sencetive Data」「機微な情報」とも呼ばれている。

36) 個人情報の具体例
　図4.9の①のみならず②〜⑥の例を下記ガイドラインが解説している。その他にも個人情報保護法を逐次的に解説している。
個人情報保護委員会（2021）「個人情報の保護に関する法律についてのガイドライン（通則編）」
https://www.ppc.go.jp/files/pdf/210101_guidlines01.pdf

■個人情報取扱事業者の義務

　個人情報取扱事業者[37]とは，営利非営利にかかわらず，個人情報データベースなどを事業の用に供している者をいう（第16条2）。よって，大学サークル，自治会なども個人情報取扱事業者となりうる。ここで，「個人情報データベース等」とは個人情報の集合体であり，特定の個人情報をコンピュータなどを用いて検索することができるように体系的に構成したものである。このとき，個人情報データベース等を構成する個人情報を「個人データ」という。

　また，個人情報取扱事業者であっても，個人データを事業で単に使用している場合と，そのデータに対して開示，訂正，削除などの

37) 個人情報取扱事業者
　国の機関，地方公共団体，独立行政法人，地方独立行政法人をのぞく。主に民間を対象としている。

場面	種類	義務	法律
取得	個人情報	利用目的の特定	第 17 条
		利用目的による制限	第 18 条
		適正な取得	第 20 条
		取得に際して利用目的の通知・明示など	第 21 条
利用加工	個人データ	データ内容の正確性の確保	第 22 条
		個人データの安全管理措置	第 23 条
		従業者の監督	第 24 条
		委託先の監督	第 25 条
		漏えいなどの報告	第 26 条
		第三者提供の制限・外国への提供の制限など	第 27–31 条
	匿名加工情報	匿名加工情報の作成など	第 43–46 条
本人への対応	保有個人データ	保有個人データに関する事項の公表など	第 32 条
		請求があった場合本人へ開示	第 33 条
		訂正，利用停止など，理由の説明	第 34–36 条
		苦情などへの適切・迅速な対応	第 40 条

権限をもっている場合とは区別される。後者の場合，そのデータを「保有個人データ[38]」と呼ぶ（**図** 4.10）。

　個人情報取扱事業者は，これら個人情報，個人データ，保有個人データに対して，**表** 4.3 のような義務がある。概略を整理すると次のようになる。

　①個人情報取扱事業者は。個人情報を取り扱うにあたって，利用目的をできる限り特定しなければならない。特定した利用目的は，あらかじめ公表しておくか，個人情報を取得する際に本人に通知する必要がある。また，取得の際には，不正な方法をとってはならない。要配慮個人情報を取得する際には，あらかじめ本人の同意が必要となる。取得した個人情報は，特定した利用目的の範囲内だけで利用できる。

　②個人情報取扱事業者は，個人データの正確性を確保するとともに，情報漏えいなどが起こらないように，安全管理措置[39]をとらなければならない。また，従業員や委託先の監督，漏えいした際には個人情報保護委員会への報告が義務づけられている。

　　より重要なのが，第三者提供の制限である。個人情報取扱事業者は，個人データを提供する際には，原則としてあらかじめ本人の同意が必要である。ただし，下記のような場合は例外的に，本人の同意は不要[40]とされている。

表 4.3　個人情報取扱事業者の義務
　個人情報保護法では，個人情報を取得する際に遵守すべき義務，利用加工の場面で遵守すべき義務，本人からの問い合わせなどがあった場合に取るべき対応がそれぞれ定められている。

38）保有個人データ
　次の情報は，保有個人データに含まれない。（第 2 条 7 及び政令）
　当該個人データの存否が明らかになることにより，
・本人または第三者の生命，身体または財産に危害が及ぶおそれがあるもの
・違法または不当な行為を助長し，または誘発するおそれがあるもの
・国の安全が害されるおそれ，他国若しくは国際機関との信頼関係が損なわれるおそれ，または他国若しくは国際機関との交渉上不利益を被るおそれがあるもの
・犯罪の予防，鎮圧または捜査その他の公共の安全と秩序の維持に支障が及ぶおそれがあるもの
　また，以前は，6 か月以内に消去される個人データも保有個人データには含まれないとされていたが，これは 2022 年 4 月施行の改正法で撤廃された。

39）安全管理措置
　ここで安全管理措置とは，第 3 章の表 3.41 にあげたものとほぼ同等である。なお，従業員数が 100 人以下であり，個人情報データベース等で扱う個人データが 6 か月間で 5000 件（人）を超えない中小規模事業者は，この安全管理措置は簡易なものでもよいとされている。
個人情報保護委員会（2021）「個人情報の保護に関する法律についてのガイドライン（通則編）」p.86
https://www.ppc.go.jp/files/pdf/210101_guidlines01.pdf

40）同意は不要
　第 16 条 3 による。ここで定められているものの他に，オプトアウトがある（第 23 条 2~4）。これは，本人の求めに応じて当該本人が識別さ

図 4.11　個人情報保護委員会の任務
https://www.ppc.go.jp/
aboutus/commission/

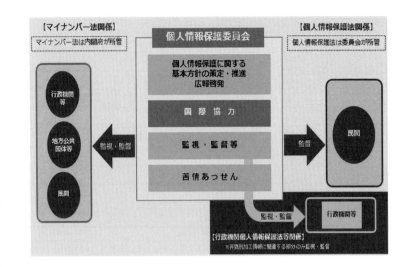

れる個人データの第三者への提供を停止することができ，個人情報保護委員会へあらかじめ第三者へ提供する個人データの項目や利用目的などを届けることで，本人の同意なしに第三者へ個人情報を提供できる仕組みである。

　なお，要配慮個人情報の第三者提供にはオプトアウトは認められていない。

個人情報保護委員会（2021）「個人情報の保護に関する法律についてのガイドライン（通則編）」p.36
https://www.ppc.go.jp/files/pdf/210101_guidlines01.pdf

41）苦情など
　苦情以外にも，当該本人が識別される保有個人データの内容が事実でないときは，本人から内容の訂正，追加または削除の請求がなされることがある。その場合は，利用目的の達成に必要な範囲内において，遅滞なく必要な調査を行い，その結果に基づき，当該保有個人データの内容の訂正などを行わなければならない。その際，個人情報取扱事業者は，訂正などを行った旨，行わなかった旨を本人に遅延なく伝えなければならない。

個人情報保護委員会（2021）「個人情報の保護に関する法律についてのガイドライン（通則編）」p.67
https://www.ppc.go.jp/files/pdf/210101_guidlines01.pdf

42）適用除外
　報道機関だけではなく，個人情報を，著述を業とする者，学術研究機関，宗教団体，政治団体が，それぞれ本来の目的で個人情報を取り扱う場合は，個人情報取扱事業者の義務は適用されない。

・法令に基づく場合（例，警察，裁判所，税務署などからの紹介）。

・人の生命，身体または財産の保護のために必要がある場合であって，本人の同意を得ることが困難であるとき（例，災害時の被災者情報の家族や自治体などへの提供）。

・公衆衛生の向上または児童の健全な育成の推進のために特に必要がある場合であって，本人の同意を得ることが困難であるとき（例，ウイルスに感染した人の情報を関係機関で共有）。

・国の機関などの法令の定める事務への協力（例，国や地方公共団体の統計調査などへの回答）。

・委託，事業継承，共同利用。

③個人情報取扱事業者は，本人から保有個人データの開示請求を受けたときは，原則として本人に開示しなければならない。また，個人情報の取り扱いに関する苦情など[41]には，適切に対応しなければならない。

　なお，これらの個人情報取扱事業者の義務は，個人情報を扱うすべての組織に適用されるということではなく，適用除外[42]として，個人情報を報道機関が報道を目的として使用する場合などは，憲法が保証する個人的人権への配慮から適用されない（第76条1）。

■個人情報保護委員会

　2016年に設置された日本の行政機関で，個人情報保護法及び番号法に基づき，個人情報の保護に関する基本方針の策定・推進，個人情報などの取扱いに関する監督，認定個人情報保護団体[43]に関する事務，特定個人情報の取扱いに関する監視・監督，特定個人情報保護評価に関する事務，苦情あっせんなどに関する事務，広報・

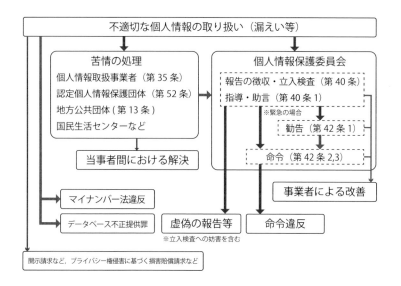

図4.12　個人情報保護についての苦情と対応

　個人情報が漏えいしているなどの苦情は，個人情報保護委員会に報告されると，保護委員会は，漏えいがあったと報告された団体に報告を求める。これをもとに，個人情報の保護のあり方について改善勧告がなされ，それに従わない場合は，改善命令が発せられる。ここでは，虚偽の報告や命令違反で罰せられる間接罰となる。また，これとは別に，マイナンバー法違反，データベース不正提供罪は直接罪である。

岡村久通『個人情報保護法の知識〈第3班〉』（日経文庫，2016），p.82「実効性担保の仕組み」をもとに加筆した。

違反行為	対象	懲役刑	罰金刑
個人情報保護委員会からの命令違反	行為者	1年以下	100万円以下
	法人など	–	1億円以下
個人情報保護委員会への虚偽報告など	行為者	–	50万円以下
	法人など	–	50万円以下
個人情報データベース等の不正提供など	行為者	1年以下	50万円以下
	法人など	–	1億円以下
正当な正当な理由なく，業務で取り扱う個人の秘密が記録されたマイナンバーファイルを提供	行為者	4年以下	200万円以下

表4.4　個人情報保護法違反についての罰則

　両罰規定により，違反行為を実際に行った者だけではなく，彼が属する組織も処罰の対象となる（第82〜88条）。2020年12月12日施行。

　マンナンバー法については，ここであげているものの他にも，不正な利益を得るために盗用することを禁じた法律もあるが，ここでは省略した。くわしくは，下記を参照。
内閣府「マイナンバー制度について」https://www.cao.go.jp/bangouseido/seido/index.html

啓発などを行う（**図4.11**）。個人情報保護法は，この委員会の所管となっている。

■罰則

　個人情報取扱事業者が漏えい事件を起こしてしまった場合，個人情報保護委員会へその届けがなされる。その後の処理及び罰則について説明する。

　まず，苦情は**図4.12**の流れで処理される。状況にあわせて改善命令違反，虚偽報告，データベース不正提供罪，マイナンバー法違反で罰せられる。それぞれの量刑を**表4.4**にまとめる。個人情報保護法では，個人情報を漏えいしたり目的外利用をしたこと自体への罰則はない。ただ，その際に虚偽の報告をしたり，業務改善命令に従わない場合のみ罰則が適用される間接罰である。実行行為を直接処罰できないことからザル法と批判されることがあるが，漏えいによって生じた名誉毀損やプライバシー侵害はそれぞれ対応する法律で処罰可能であること，二重に処罰されることが，個人情報の正当

43）認定個人情報保護団体

　業界・事業分野ごとの民間による個人情報の保護の推進を図るために，国の認定を受けた民間団体である。業界の特性に応じた自主的なルールを作成するよう努めたり，対象事業者の個人情報などの取扱いに関する苦情の処理や指導・勧告を行う。日本証券業協会などがある。
「個人情報保護委員会とは」https://www.ppc.go.jp/aboutus/commission/

な流通を阻害することになりかねないことを検討してのことであろう。ただし，宇治市住民個人情報漏えい事件やベネッセ個人情報漏えい事件など，個人情報データベースなどを利用できる立場の者が，不正な利益を得る目的で個人情報を提供したり盗用したりする行為を厳罰化している。また，これらは刑事事件での罰則であり，別途被害者から損害賠償請求の民事裁判が起こされることも珍しくない。

■漏えいした場合の対応

　過去の事例をみると，個人情報が漏えいした際の適切な対応が，その後の被害を未然に防いでいる。ここでは，その手順の例をあげる。

1）事業者内部における報告及び被害の拡大防止
2）事実関係の調査及び原因の究明
3）影響範囲の特定
4）再発防止策の検討及び実施
5）影響を受ける可能性のある本人への連絡等
6）事実関係及び再発防止策などの公表（事案に応じて）

　なお，個人情報保護委員会への報告[44]は「報告の対象となる事態を知った後速やかに」とされている。

4.5.5　個人情報保護法がもたらした課題

　個人情報保護法は，その第1条に明示されているように，個人情報が新たな産業の創出並びに活力ある経済社会のために必要であるが，歯止めを設けないと私たちの権利利益が侵害されることから創設された。では，この個人情報保護法は私たちの権利利益を問題なく保護してくれているのだろうか。ここではそれを検討しようと思う。

事例1：2005年4月25日にJR西日本の福知山線で発生した列車脱線事故の被害に遭った人の氏名や安否情報の公開を，病院が，個人情報保護法を理由に，報道機関，警察，家族に拒んだ。
事例2：自治会名簿，不審者情報，地域で助け合うために必要な情報などの共有が，個人情報保護法の施行後できなくなった。
事例3：2021年に静岡県熱海市で大規模な土石流が発生し，20数名の安否が不明となった。その氏名公開に市は躊躇した。

44）本人への通知，個人情報保護委員会への報告
　軽微な漏えいの場合は通知や報告はしなくてもよい。要配慮個人情報が含まれる個人データの漏えい，不正利用により財産的被害が生じるおそれがある個人データの漏えい，不正目的で行われたおそれがある個人データの漏えい，1,000人を超える個人データの漏えいなどの場合は，本人への通知及び個人情報保護委員会への報告の義務がある（第22条2）。
　このとき，通知及び報告すべき内容は以下ガイドライン及び入力フォームに従う。
個人情報保護委員会（2017）「個人データの漏えい等の事案が発生した場合等の対応について（平成29年個人情報保護委員会告示第1号）」とは
https://www.ppc.go.jp/files/pdf/iinkaikokuzi01.pdf

個人データの漏えいなど事案報告
https://roueihoukoku.ppc.go.jp/?top=kojindata

　なお，2022年4月1日施行の改正「個人情報の保護に関する法律施行規則」では，漏えい事故の概要，漏えいしたデータの項目や数，二次被害の有無，本人への対応，再発防止措置などについて確報を「原則として・事態を知った日から30日以内」に提出しなければならないとしている。

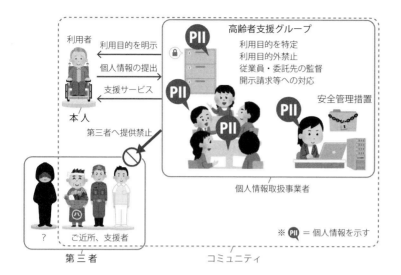

利用者

利用目的を明示

個人情報の提出

支援サービス

本人

第三者へ提供禁止

第三者

？

ご近所、支援者

高齢者支援グループ

PII

利用目的を特定
利用目的外禁止
従業員・委託先の監督
開示請求等への対応

PII

PII

PII

安全管理措置

個人情報取扱事業者

※ PII = 個人情報を示す

コミュニティ

図4.13　第三者とコミュニティ
　高齢者の生活支援を行っているグループは，個人情報取扱事業者の義務を果たしているものとする。
　個人情報保護法は，災害発生時にお互いに助けあうご近所や支援者を，不審者と同じ第三者と位置づける。これによって，地域コミュニティは分断されないだろうか。地域コミュティを顧客と事業者というビジネス上の尺度で評価すべきではない。

　事例1は，個人情報保護法の誤った解釈によって生じたものである。この件では，病院が氏名や安否情報の提供を第三者提供ととらえたようであるが，第16条3に明記されている「人の生命，身体または財産の保護のために必要がある場合であって，本人の同意を得ることが困難であるとき」に該当し第三者とはならない[45]。その他にも，国勢調査の調査員が非協力的な対応をとられたり，ウイルス感染者名簿が関係機関で共有されないなどの事例があった。現在では，この法律の内容も浸透していることから，この種のトラブルは減少した。

　事例2は，個人情報保護法がビジネス法としての色彩が強いことから起こる問題である。この点を明らかにするため，高齢者の支援を行っているボランティアグループを例にあげる（**図4.13**）。このグループは，個人情報取扱事業者の義務を適切に果たしているとする。すると，このグループによる支援を利用している高齢者の情報は，このグループ内もしくは委託先で共有され，組織外の人たちとは共有されることはない。平時ではなく，災害が起こった場合，自力で避難できない高齢者[46]を，このグループだけではなくご近所も協力しあって安全なところへ避難させたり，安否確認を行うのは自然なことであろう。しかし，そのためには，日常から災害弱者についての情報を地域で共有されなければならない。1995年1月17日5時46分52秒，阪神淡路大震災が発生した。このとき，地域コミュニティが特に密な地域では，他に比べて，家屋の全壊全焼数は多いにもかかわらず死者は少なかった[47]。当時被災された方へヒアリングをしたところ，日頃からお互いの生活パターンを知っ

45）第三者とはならない
　厚生労働省「医療・介護関係事業者における個人情報の適切な取扱いのためのガイドライン」では，「人の生命，身体または財産の保護のために必要がある場合であって，本人の同意を得ることが困難であるとき」の例として，大規模災害等で医療機関に非常に多数の傷病者が一時に搬送され，家族などからの問い合わせに迅速に対応するためには，本人の同意を得るための作業を行うことが著しく不合理である場合をあげている。
http://www.mhlw.go.jp/
topics/bukyoku/seisaku/
kojin/dl/170805-11a.pdf

46）自力で避難できない高齢者
　2013年改正の災害対策基本法では高齢者，障がい者，乳幼児その他の特に配慮を要する者（要配慮者）のうち，災害発生時に自ら避難することが困難な者であって，その円滑かつ迅速な避難の確保を図るため特に支援を要する者を「避難行動要支援者」とし，その名簿をつくり，それをもとに災害時の支援活動の見直しを行った。
https://elaws.e-gov.go.jp/doc
ment?lawid=336AC0000000
223document?lawid=336
AC0000000223

47）死者は少なかった
阪神・淡路大震災「1.17の記録」より
http://kobe117shinsai.jp/
damaged/

48）犯罪を未然に防ぐ
　米国の一部の州では，性犯罪者情報公開法（通称メーガン法）がある。1994 年ニュージャージー州で，ミーガン・カンカという少女が暴行ののち殺害された。加害者が過去にも性犯罪を犯していたことが地域で共有されなかったことから制定された。
　その一方，犯罪記録が公開されることで社会復帰を妨げるなどの批判もある。

49）様々な人が定式化を試みている
　プロッサーは彼の著作 "Privacy" の中で，プライバシー侵害を次のように 4 つに類型化した。
①私生活に侵入すること。
②他人に知られたくない私事を公開すること。
③誤った事実の公開により，他人に自己の真の姿と異なる印象を与えること。
④氏名や肖像を他人が利得のために盗用すること。
William L. Prosser（1960）'Privacy', "Clifornia Law View Vo/48"
　タヴァーニはプライバシー侵害を次のように 4 つに類型化した。
①人の物理的空間に関する侵入拒否としてのプライバシー（一人にしてもらう）
②選択の際に干渉されないというプライバシー（人工中絶の自己決定権など）
③思想，個人アイデンティティに関して介入されない干渉されない（心理的な静穏さの保護など）
④個人情報のコントロール（個人情報の収集・管理・利用・送受信など）
Tavani, Herman T.（2008）"Informational Privacy: Concepts, Theories, and Controversies," in The Handbook of Information and Computer Ethics, Wiley, Himma, Kenneth Einar and Herman Tavani, eds., 131-164.

ていたからすぐに安否確認と救出活動ができたという。同様の声を東日本大震災で救援活動に携わった消防団の方からも聞くことができた。日頃からお互いに知っている関係は，言い換えればコミュニティは災害時に大きな力となる。また，地域の変質者についての情報も，日頃から共有されることで，犯罪を未然に防ぐ[48]ことになるかもしれない。

　個人情報保護法では，本人と個人情報取扱事業者とは，個人情報とサービスをトレードオフするような顧客と事業体間の 1 対 1 の関係を前提にしている。そこには，顧客同士や，顧客とその周囲の人たちでお互いに情報を共有し合うコミュニティという概念はない。それどころか，本人と個人情報取扱事業者以外はすべて第三者となる。ともに助け合おうとする人たちも，個人情報を悪用しようとする者も同じ第三者である。

　地域コミュニティは，消防団や地域のまとめ役がハブとなり，お祭りなどの行事や日常生活の中で人々を自然に結びつけることで成り立っている。そこでは，**図 4.13** のような高齢者支援グループだけではなく，様々な組織や人々が，情報だけではなく歴史や信頼，家，つきあいなどにより，複雑でゆるやかに絡みあっている。そこに個人情報保護法が「本人と個人情報取扱事業者以外は第三者」というあまりにも単純な図式を持ち込めば，今まで仲間だったものを急に第三者とし，それまでコミュニティ内でなされていた情報の流れを疎外し，その結果コミュニティを崩壊させかねない。確かに同意をとれば情報は共有できるかもしれない。しかし，この「同意」自身がコミュニティ内に打ち込まれる，「第三者」というくさびに他ならず，コミュニティの分断を進めはするが修復するものではない。法律は，第三者提供にあたらない例をいくつか示しているが，それに当てはまらないものに対しても，フェア（正当な）な第三者提供であると判定する基準を設けるなど，柔軟な法律へと改正する必要があると思われる。

　事例 3 で安否情報の公開時に生じた混乱は，法律上問題ではなく，実務上の問題である。熱海の事故では，行方不明者を確定し捜索すべき場所を絞り込むために，安否が未確認な人のリストを公開した。その過程で，プライバシーや個人情報の保護よりも優先させて，誰がどういう基準で，安否未確認者リストを公開するかが問題となった。個人情報保護法が制定されて以来，個人情報に関する意識が高まった。その一方で，個人情報を出すことへの躊躇も増えている。個人情報は，個人が社会に参加する上で必要不可欠である。

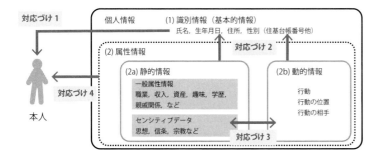

図 4.14　識別情報と属性情報

　個人情報の定義や個人情報保護委員会のガイドラインの例示に従えば，特定の個人を識別するときに用いられる「(1)識別情報」とその個人がもつ「(2)属性情報」とがある。
会田和弘 他（2012）「Web制作標準講座 [総合コース] ～ 企画からディレクション，デザイン，実装まで ～」翔泳社より引用。

個人情報をまったく出さなければ，名前も顔も出さない人の集まり，匿名社会になってしまう。それでは社会は成り立たない。個人情報は，漏えいしないように管理すべきであるが，心は閉ざさないように注意すべきであろう。

4.5.6　個人情報保護法とプライバシー

　以上，個人情報保護法が定める義務，それによって生じた問題についてまとめてきた。これを通じて，個人情報とは何か，そして個人情報保護法は何を目指しているのかが，明確になってきたと思う。

　一方，プライバシーは，私生活をみだりに公開されない権利であるが，より踏み込んだ概念やプライバシー侵害の具体的基準について様々な人が定式化を試みている [49] ものの，実際には裁判において示されることが多い。

　そこで，ここでは，個人情報の概念からプライバシーの説明を試みようと思う。つまり，個人情報を構成する「識別情報」と「属性情報」，そして「本人」とがどのように対応づけられているのか（**図4.14**），その情報がどの程度プライバシーにかかわるか [50] が決定できるのではないだろうか。実際には個別事例で検討することになるが，大枠では次のように整理できるだろう。

　　対応づけ 1：本人と結びついた識別情報は公開されてもさほど問題は生じない。むしろ公にすることが社会生活を営む上では必要とされる。
　　対応づけ 2：属性情報が識別情報と結びついた情報は，プライバシー侵害を引き起こす可能性がある。とはいえ，それは必然ということではなく，属性情報の種類による。
　　対応づけ 3：行動パターンから考えていることがわかる場合がある。

　最近では，ソローヴが「プライバシーは何かについての共通解はなく，社会生活を営む上で侵害されてはいけない状況があるのみである」と，その状況を 16 提示している。
　その一方，犯罪記録が公開されることで社会復帰を妨げるなどの批判もある。
ダニエル・J・ソローヴ著大谷卓史訳（2013）『プライバシーの新理論』みすず書房

50）プライバシーにかかわるか
下記を参考にした。
佐々木良一（2008）「ITリスクの考え方」岩波書店

対応づけ4：属性情報から特定の人を識別できる場合もある。その際，属性情報の種類によってはプライバシー侵害の問題が生ずる。

　個人情報とプライバシーはまったく別の概念とみなし，このようにプライバシーを整理してみると，個人情報保護法は主にこの対応づけを制御しているということがわかる。同時に，情報の中身や情報の提供先については，要配慮個人情報には配慮しているものの，個別には検討することなく，その情報の流通のみを制御しようとしているものであることもわかる。その結果，個人情報のコントロールは，プライバシーや肖像権などの権利侵害への予防策としては強すぎるとも言える。そこにコミュニティの問題も内在しているのではないだろうか。そして，このような「個人情報」が，保護すべきものとして社会へ浸透することで，今まで私たちが培ってきたものが阻害されるとするならば，その対策を検討すべきだろう。

▶▶▶ 4.6

デジタル時代の著作権

　PC やスマートフォンの高性能化と画像や動画編集ソフトの普及，インターネット回線の高速化などによって，それまで一部の専門家だけであった画像や動画の投稿は一般的なものとなった。それとともに，思わぬところでの著作権侵害などのトラブルも増えてきた。ここでは，そもそも著作権とはどのような権利であり，それを

表4.5　知的財産権の種類
　文化庁「著作権テキスト令和2年度」p.1 に加筆した。
https://www.bunka.go.jp/
seisaku/chosakuken/
seidokaisetsu/
pdf/92466701_01.pdf

知的財産権		保護するもの	保護期間	手続き	法律
著作権		文芸，学術，美術，音楽などで，人間の思想，感情を創作的に表現したもの	創作の時から作家の死後70年など	不要	著作権法
産業財産権	特許権	コンピュータプログラム，計測方法，製造方法などに対するアイデア（発明）	出願の日から20年	必要	特許法
	実用新案権	日用品の形状，機械の構造，複数品の組合せなどに対するアイデア（考案）	出願の日から10年	必要	実用新案法
	意匠権	美感を起こさせる外観を有する物品の形状・模様・色彩のデザイン	出願の日から25年	必要	意匠法
	商標権	商品や役務の提供者を認知するための文字，図形，記号，立体的形状，色彩，音などの標識，トレードマーク，ブランド名	登録の日から10年，更新可能	必要	商標法
その他	回路利用権	半導体集積回路	登録の日から10年	必要	半導体集積回路の回路配置に関する法律
	育成者権	植物の新品種	登録の日から25年（樹木は30年）	必要	種苗法
	営業秘密など	営業の秘密や商品の表示など		-	不正競争防止法

侵害しないために，私たちはどんなことに注意すべきかについてまとめる。その一方で，私たちの著作権はどうやれば守られるのか，また，著作権の過剰な保護により私たちの利便性は必要以上に制限されていないかなど，デジタル時代において，著作権をとりまく問題について検討したい。

4.6.1 　知的財産権

　著作権は，知的財産権の1つである。ここで，知的財産[51]とは，発明，考案，植物の新品種，意匠，著作物，その他の人間の創造的活動により生み出されるものをいう。知的財産権には，**表4.5**に示すように著作権と産業財産権などがある。それぞれで保護に必要な手続きや保護期間などが異なる。その中でも著作権は，保護される対象が文芸などの作品で，登録制度はあるものの保護されるための手続きは特に必要ない点で他の知的財産権とは大きく異なる。

　このような知的財産は，コンテンツビジネスや顧客吸引力などにおいて重要な要素であることから，その利用は権利をもっている者に制限される[52]。新たに商標を使う場合は，同じ産業区分で重ならないかを確認する必要がある[53]。

4.6.2 　著作権の基礎

　歴史をひもとくと，著作権は1709年に英国でアン女王の名によって制定された[54]。わが国の著作権法も明治32年に施行され，著作物のあり方が変わるごとに，何度も改正されてきた古い法律である。そして，デジタル技術の普及によって，さらに改正された。ここでは，著作権法の基本を説明し，続いてデジタル時代にはどのような権利が付け加えられてきたかを見ていこうと思う。

■著作権が認められる基準

　著作権があるとして保護の対象となる著作物とは，「思想または感情を創作的に表現したものであって，文芸，学術，美術または音楽の範囲に属するもの」をいう（著作権法2条1-1）。創作的な作品であり，それが頭の中にだけあるものではなく，表現されたものであることが条件となる。つまり作品が書き留められたり，実演されたりする必要がある。作品が作家の頭の中にある状態やアイデアだけでは著作物とはみなされない。「創作的」とは今までつくられていなかったということである。これは，上手下手という技術的な評価とも，高価であるかどうかという金銭的価値とも異なる。作品に独創性があることが条件となる。よって，誰もがつくれるもの，

51）知的財産
　知的財産基本法第2条より。

52）2008年アップル社は，日本で携帯電話「アイフォーン」を発売するにあたり，インターフォン販売会社アイホンが社名を商標登録していたため，アイホンへ多額の商標使用料金を支払った。
ITmedia NEWS（2008）「アイホン，iPhoneの商標問題でAppleと「友好的合意」」
https://www.itmedia.co.jp/news/articles/0803/24/news102.html

53）利用可能な特許・実用新案，商標，意匠のは，下記のWebで検索できる。
独立行政法人工業所有権情報・研修館「特許情報ぷらっとフォームJ-PlatPat」
https://www.j-platpat.inpit.go.jp/https://www.itmedia.co.jp/news/articles/0803/24/news102.html

54）世界最初の著作権法
　アン法と呼ばれ，正式には
"An Act for the Encouragement of Learning, by vesting the Copies of Printed Books in the Authors or purchasers of such Copies, during the Times therein mentioned"

55）舞踏の振り付け
　社交ダンスの場合は，著作物とみなされるには，既存のステップの組合せにとどまらない顕著な特徴を有するといった独創性を備えている必要がある。
映画 [Shall we ダンス ?] 事件
東京地方裁判所平成 24 年 2 月 28 日判決
https://www.courts.go.jp/app/files/hanrei_jp/121/082121_hanrei.pdf

56）芸術的な建造物
　芸術的な建造物とは，ガウディのサグラダファミリアのようなものを想定している。通常，建物は外観よりも機能性を重要視することから，どうしても似かよったものができてしまう。よって，一般的な建物に著作権は認められない。

57）詩集
　ある詩人の世界観を表現するために，作品の選択と並べ方が工夫された作品集には編集者の著作権が認められる。
　その一方，作家の年代順の出版目録には著作権は認められない，として流通しているのでリンクには注意が必要である。

一般的に流通しているもの，あまりに短く簡単なもの，例えば，新聞の見出し，単純な標語や顔文字，絵画などの著作物を写真に撮ったもの，事実を単に写したものには，通常，著作権は認められない。

■**著作権はどのようなものにあるのか？**

　著作権が認められるものは，次の 4 つに分類される。

・初めて創作されたもの
　論文，小説，脚本，詩歌，俳句，講演，楽曲，歌詞，舞踊の振り付け 55)，絵画，版画，彫刻，漫画，書，舞台装置，芸術的な建造物 56)，地図，学術的な図面，図表，模型，劇場用映画，テレビ映画，ビデオソフト，写真，グラビア，コンピュータ・プログラム

・他の作品を二次的に利用したもの
　翻訳，編曲，変形，翻案（映画化されたものなど）

・他の作品を編集したもの
　百科事典，辞書，新聞，雑誌，詩集 57)

・データベース
　電車の乗り換え案内のように，コンピュータの検索機能により，特定のデータを抽出できるようにしたもの

　いくつか補足すれば，地図は道路や家並みを単純に写し取ったものではなく，余分なものを消し目印となるものを強調するなど，わかりやすくなるようにひと手間かけられている。航空写真ではまっすぐに見える道路も，実際に走行した感覚に合わせて蛇行させて図化することもある。したがって，地図には著作権があるとされている。

　小説が映画化された場合や英語の作品が日本語に翻訳された場合，それらは原作が二次使用されたものであり，そこには原作者に加えて映像化（翻案）した者などの著作権がある。

　編集物の著作権では，「素材として何を選び，そしてそれらをどう配置するか」ということに創造性があった場合に認められる。例えば，新聞記事は事実を表現したものではあるが，記者が取材を通して集めた真実を，記者の考えによってつむぎ合わせて記事とする。その編集されたところに新聞記事の著作権があるとされている。よって，新聞記事のコピーを資料に盛り込むときや講演会で使用するときは，新聞社にその利用料金を支払わなければならない。ただし，見出しについては，短いこと，よくある表現であることから，著作権は認められないことが多い。

データベース 58) も「どのようなデータを，どのように便利に検索できるか」ということにオリジナリティがあれば，著作権があるものとして認められる。

なお，Web サイトなどで使われているリンクには，著作権はないとされている。よって，無許可でリンクしても構わない。ただし，リンクすることで名誉毀損などの損害 59) が生じた場合は責任をとらなければならない場合もある。

■著作権はどのような権利か？

著作権は，「権利の束」と言われるほど様々な権利の集まりである。それは次の２つに大別される。

・著作人格権
  公表権，氏名表示権，同一性保持権
・財産権（著作権）
  複製権，上映権，演奏権，公衆送信権，送信可能化権，口述権，展示権，頒布権 60)，譲渡権，貸与権，二次的著作物の創作権（翻訳権・翻案権）・利用権 61)

人格権は作家が作品を生み出す際の気持ちを保護するものと言える。そのうち，公表権は著作物を世に発表するかどうか決定できる権利，氏名表示権は著作物に氏名を表示させるかどうか，表示させるとすれば実名かペンネームであるかを決定できる権利，同一性保持権は著作物に自分の意に反して無断で変更や切除などされない権利である。これらの権利は，後述する財産権と異なり，譲渡できないものとされている。

財産権は土地の所有権のように譲渡が可能なもので，作家はそれで対価を得ることができる。「著作権」という場合は通常この権利を指すことが多い。複製権は出版物や CD のように作品の複製をつくる権利，上映権は映画などを上映する権利，演奏権は公の場で曲などを演奏する権利をいう。公衆送信権は，放送・有線放送・インターネットなどを通じて作品を発信する権利，送信可能化権は Web サーバに作品をアップロードする権利である。

さて，ここで複製と翻案との違い 62) について整理しておく。翻案とは，先行する作品の創作的表現に対して，新たな創作性を加え新たな著作物をつくり上げる行為とされている。もし新たな創作性が加えられない場合は複製となる。「先行する作品の創作的表現」と「新たな創作性」から，翻案を整理すると**表** 4.6 のようになる。

以上あげた著作物に関する様々な権利を，参加は独占的に利用す

58）データベースの著作権
　データベースには，検索機能と，個々の素材データとの２種類の著作権が存在する。この著作権の二重性は，他の詩集などの著作権や二次使用されたものの場合と同様である。ただし，データベースによっては，単なる事実内容やすでに著作権が切れた作品を容易に検索し閲覧しやすいように工夫されたものがある。その場合，著作権は前者のみに存することになる。

59）名誉毀損などの損害
　例えば，消費者金融事業者が経緯なく地方金融機関のリンクを表示する行為，風俗事業者のサイトが現実の女学校 HP のリンク集を表示する行為がこれにあたる。また，見出しには著作権はないが，Web ニュースの見出しはインターネット上で商品として流通している場合もある。その場合は，リンクの無断使用は，損害賠償請求の対象になることもある。
　例えば，2005 年のデジタルアライアンス社事件。
平成 17 年（ネ）10049
知的財産高等裁判所
https://www.courts.go.jp/app/files/hanrei_jp/350/009350_hanrei.pdf

60）展示権，頒布権
　展示権は，陶芸など美術品の原作品や未発表の写真を展示する権利。
　頒布権は，映画，アニメ，ビデオなどの著作物を公衆向けに譲渡・貸与することができる権利をいう。例えば，映画を映画館に上映のために貸与する権利などがある。ただし，いったん著作物が譲渡された後には消滅する。詳しくは 2002 年 4 月 25 日最高裁判決「中古ゲームソフト差し止め請求」を参照。

表 4.6　翻案と複製

もし先行する作品で使われているアイデア，事実を写した表現，ありふれた表現に変更を加えても，複製にも翻案侵害にはならない。

逆に翻案権の侵害となる場合は，次の3点が成り立っている場合である。

① 新たにつくられた作品が先行する著作物に「依拠」していること

② その作品が先行する著作物の「表現上の本質的な特徴の同一性を維持し」ていること

③ その作品に新たな創作的表現があること

61）二次的著作物の創作権・利用権

二次的著作物の創作権は，原作を翻訳，編曲，変形，脚色，映画化する権利，無断で二次的著作物を創作されない権利。アイデア，事実，ありふれた表現などには原作者の許諾が必要となる。二次的著作物の利用権は，上記の二次的著作物を第三者が利用することができる権利をいう。これには，原作者と二次的著作物の創作者双方の許諾が必要となる。

62）複製と翻案との違い

最高裁は，翻案を「既存の著作物に依拠し，かつ，その表現上の本質的な特徴を維持しつつ，具体的な表現に修正，増減，変更などを加えて，新たに思想または感情を創作的に表現することにより，これに接する者が既存の著作権の表現上の本質的特徴を直接感得することができる別の著作物を創作する行為」としている。
最高裁平成13年6月28日判決 江差追分事件。

63）営利を目的としない貸与など

図書館で本やCDを貸し出す場合である。ここにも，すでに公開されているものが対象であり，営利を目的としない，貸与を受けるものから料金を受け取らないなどの条件がある。DVDの貸し出しの場合には，非営利目的であっても，著作者への補償金を支払う必要がある。

先行する作品の部分	新たな創作性を加えた場合	創作性がない修正増減を加えた場合
創作的な表現の部分（表現上の本質的特徴）	先行作品の翻案	先行作品の複製
創作的な表現ではない部分（アイデア，事実，ありふれた表現など）	先行作品に影響を及ぼさない（複製または翻案には該当しない）	

る権利（排他的独占権）をもっている。つまり，許可なしには使用することができないということである。

そうすると，親子でヒット曲を歌うにも許可が必要ということになるのだろうか。著作権法では，あまりに利用を制限することは，作品が世の中に広まらなくなってしまうことから，次の場合は，著作権が制限されるとし，自由に使ってもよいとしている。

① 私的使用のための複製

② 図書館などにおける複製

③ 教育の場での利用

④ 引用

⑤ 視覚聴覚障がい者のための複製（点字などへの複製）

⑥ 営利を目的としない上演，演奏，上映，口述，貸与など [63]

⑦ 保守・修理のための一時的複製

ここで，「私的使用のための複製」はよく知られているところであるが，複製が許される範囲は同一家計の家族など親しい人に限られる。また，「営利を目的としない上演，演奏，上映，口述」には入場料を寄付するチャリティコンサートは該当しない。すでに公開されている作品を使用し，私的に録音録画したものを使用せず，聴衆及び観衆から料金などをとらないこと，出演者などに報酬が支払われないなどの条件がある。①から⑦にそれぞれ条件があるので，利用には注意する必要がある。

また，非営利であっても，複製や公衆送信は制限事項の対象外であることにも注意が必要である。ただ，子どもの運動会の動画を撮ったら音楽も録画されてしまった，旅行先で記念撮影をしたらTシャツに有名なキャラクターが…，ということはよくある。この場合，次の条件を満たせば，録り込み撮り込み（付随対象著作物）ということで，ブログへ掲載や複製などが可能となる（第30条2）。

・本来意図した撮影対象ではない。

・録り込み撮り込みを分離することが不可能である。

・著作権者の利益を不当に侵害しない。

■著作権は誰がもっている？

著作権をもっている者を著作権者という。著作権者には，その作品を生み出した作家である著作者と，著作物を世の中に広めた著作隣接権者，そして著作権の譲渡を受けた者からなる。このうち，著作隣接権は，実演家，レコード製作者，放送事業者，有線放送事業者[64]に認められるもので，著作者の人格権と財産権の一部が認められている。

楽曲の音データを利用するには，それの楽曲を制作した著作者である作詞家作曲家だけではなく，その楽曲を歌った実演家，そしてその楽曲の音源を制作したレコード製作者の許諾を取る必要がある。テレビドラマの場合は，原作や脚本が著作者，俳優が実演家，テレビ局が放送事業者，有線放送事業者となる。

■著作権の手続き・保護期限は？

著作物を保護してもらうにはどのような手続きを取ればよいのだろうか。わが国では，他の知的財産権が登録を必要とするのとは異なり，著作権はその作品が製作された時点で自動的に，つまり無手続きで保護される[65]。ただし，慣例で次のように表記する場合が多い。

© 2022 Kazuhiro AIDA

Copyright © 2022 Kazuhiro AIDA

©の代わりに (c) が使われることもある。年号はその著作物がはじめて発行された年である。しかし，著作権が認められるために，これらを表記する義務がない。にもかかわらず表記しているのは，慣例と「無断使用を禁じている」という意思表示をあえて主張しているものだろう。

さて，保護期間は著作者の人格権と財産権，著作隣接権のそれらによって異なる。まとめると，**表 4.7** のようになる。人格権は，作家や実演家の生存期間しか保護されない一身専属の権利である。ただし，作家の名誉[66]を傷つけるような利用に対しては，遺族が法的対応手段を講じることができる（第 116 条）。

また，保護期間が 70 年がほとんどであるのは，日本が輸出入する国のほとんどで保護期間は 70 年であるためである。それは，輸入された著作物は輸入した国の保護期間に合わせて保護すること（内国民待遇）とベルヌ条約にて定められているからである。

保護期間を過ぎた著作物は，パブリックドメインとなり，誰でも自由に使用可能な状態になる，もしくは，商標などに登録され直される場合もある。

なお，ここで「貸与」とは公衆に対して行われるものであって，特定少数の人への貸し出しはそもそも貸与権の範囲に入らない。また，喫茶店に家庭用テレビ受像機を設置し番組をリアルタイムで流す行為は，営利活動内ではあるが，テレビ番組の上映に対して料金をとっていないことから，許可なく可能である。ただし，大型スクリーンなどを設定している場合はこの限りではない。

くわしくは，文化庁「著作権テキスト　令和 2 年度」p.80 を参照。
https://www.bunka.go.jp/seisaku/chosakuken/seidokaisetsu/pdf/92466701_01.pdf

64）実演家，レコード製作者，放送事業者，有線放送事業者

人格権は実演家のみに認められている。

それぞれの個別の権利は，文化庁（2020）「著作権テキスト　令和 2 年度」p.4 を参照。
https://www.bunka.go.jp/seisaku/chosakuken/seidokaisetsu/pdf/92466701_01.pdf

65）無手続きで保護される

著作物が製作された時点で保護されるとするものを「無方式主義」という。これに反して，登録や表示を必要とするものを「方式主義」という。

著作権の国際的なあり方を定めた万国著作権条約では，著作権が保護されるには，著作物を納入する方式主義も認められている。また，無方式主義の著作物も，©と著作権者名，最初の発行の年を一体として表示することで保護されることと定められていた。

のちにベルヌ条約で©の表示がなくても，著作物が創作されたときに著作権が発生することが認められ，さらに，ベルヌ条約が万国著作権条約より優先されることになり，また，ほとんどの国がベルヌ条約に加盟したため，著作権の発生要件としての著作権表示は必要なくなった。

表 4.7　著作物の保護期間
作家の財産権は基本的には作家の死後 70 年間保護される。ただし，保護期間の計算は，簡便化のため，死亡の翌年の 1 月 1 日から起算される。また，保護期間内でも，著作権者の相続人がいない場合は著作権は消滅する。

	種類		保護期間
著作者	人格権	公表権，氏名表示権，同一性保持権	作家が生存する期間
	財産権	実名など作家が特定できる著作物	作家の死後 70 年
		無名やペンネームなど作家が特定できない著作物	作品の公表後 70 年
		団体名義の著作物	
		映画の著作物	作品の公表後 70 年
		共同で製作した著作物	最後に死亡した作家の死後70年
著作隣接権者	人格権	実演家の氏名表示権，同一性保持権	実演家が生存する期間
	財産権	実演家	実演後 70 年
		レコード会社	発売後 70 年
		放送事業者	放送後 50 年
		有線放送事業者	有線放送後 50 年

66）作家の名誉
遺族による訴え以外に，「著作物を公衆に提供し，または提示する者は，その著作物の著作者が存在しなくなった後においても，著作者が存しているとしたならばその著作者人格権の侵害となるべき行為をしてはならない（第 61 条）」ともされている。これは実演家についても同様である。

■利用可能な著作物であるかどうかを確認するフロー

以上説明してきた内容で，著作物を許諾なく使用できるか判別する。その流れを**図 4.15** にまとめた。

■勝手に使われた場合は？

著作権を侵害された場合は刑事と民事で対応することとなる（**表 4.8**）。著作権侵害は「親告罪」であるので，裁判所へその旨を訴える必要がある。何もしなければ著作物の利用に関して異論がないとみなされる。

ただし，刑事には，一部非親告罪がある。その例をあげる。

・ソフトウェアのライセンス認証を回避したり，コピーガードを解除する装置やプログラムを配布や販売する行為，およびそれ

図 4.15　利用可能な著作物かの確認
保護されている著作物は，日本国民の著作物か，日本国内に最初に作られたものか，条約によって保護する義務があるかどうかによって決まる。これに該当しないものは保護する必要がなく，自由に使える。

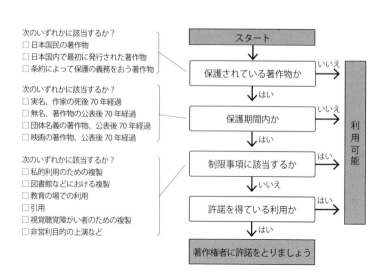

刑事	故意による侵害	個人	10 年以下の懲役または 1000 万円以下の罰金（または両方）。	著作権法第 119 条，第 120 条，第 121 条など
		法人の代表者，従業員	3 億円以下の罰金。	著作権法第 124 条
	過失による侵害	刑事罰は科されない。		刑法第 38 条 1
民事	損害賠償請求	著作権者に損害を発生させた者に対し，発生した損害の賠償請求をすることができる。		民法第 709 条，著作権法第 114 条
	差止請求	侵害をした者に対して，侵害行為の停止を求めることができる。		著作権法第 112 条，第 116 条
	不当利得返還請求	著作権を侵害することによって利益を得ている者に対し，当該不当利得の返還を請求できる。		民法第 703 条，第 704 条
	名誉回復等の措置の請求	侵害者に対して，著作者等としての「名誉・声望を回復するための措置」を請求することができる。		著作権法第 115 条，第 116 条

表 4.8　著作権侵害への対応
　故意による侵害で，悪質であった場合は刑事罰として懲役もあり得る。民事では損害賠償や不当に得た利益の返還，さらに著作者の精神的損害に対して慰謝料を請求されることもある。
　著作権侵害への救済手続きとして，経済産業省が下記資料を出している。
https://www.meti.go.jp/policy/ipr/infringe/remedy/remedy03-4.html

を業務とする行為

・販売中のマンガなどの海賊版を販売する行為

・映画の海賊版をネット配信する行為

・著作者，実演家の死後において，名誉を傷つける行為（著作者人格権，実演家人格権の侵害となるべき行為）

・引用の際の出所の明示義務違反

4.6.3　デジタル時代の著作権

　アナログ情報の多くは，紙や録音テープなどの媒体と一体化しており，相手に情報を伝えるには，媒体ごと相手に手渡すか，別の媒体に移すしかない。一方，デジタル情報は，メディアから情報のみを取り出し，インターネットを通じて相手に簡単に渡すことができる。また，取り出しや複製の際の劣化もほとんどない。さらに，複製は非常に容易で，費用もかからず大量に可能であり，複製したものをインターネットなどを通じて広範囲に配布することもできる。これらの特徴によって，以前には起こり得なかったトラブルが生じるようになった。

■主な侵害事件

　デジタル情報であるがゆえのトラブルは，主に違法に複製され，インターネットへ公開されたケースが多い。

　・2003 年 11 月 27 日，Winny を使い，ゲームソフトや映像ソフ

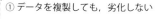

図 4.16 デジタル情報の特徴と対策
　①②③が悪用されないように「コピーを制限する技術と法律」で、④には「送受信を制限する技術と法律」によって対応される。

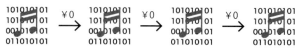

① データを複製しても，劣化しない

② 安価で，容易に複製できる（コピー料金 ¥0）

③ 手元を離れたデータは回収しにくい　　コピーを制限する技術と法律

④ インターネットとの親和性がある　　送受信を制限する技術と法律

トを共有した疑いで，京都府警は愛媛県松山市の無職男性（19歳）と群馬県高崎市の風俗店店員（41歳）を逮捕。

・2006 年 10 月 20 日，日本音楽著作権協会（JASRAC）は YouTube に対して無許可で投稿されたミュージックビデオなどの削除を要求。

・2010 年 6 月 15 日から 9 月 3 日までの間，『ぬらりひょんの孫』などの人気マンガを海外のサーバ MEGAUPLOAD にアップし不特定多数に無料にダウンロードさせたとして，警視庁は 18 歳の男子学生を逮捕した。少年は，これまで 260 タイトルをアップロードし，250 万人が同サイトにアクセスしていた。

・1998 年頃ある大学生がインターネット上に書いた『〜僕が勝手に考えた〜ドラえもんの最終回（仮）』が，2005 年にある漫画家によって原作と近い絵柄で「ドラえもんの最終話」として冊子化され 500 円にてネットなどで販売された。小学館および藤子プロは男性漫画家へ著作権侵害を通告し，在庫は処分された。

・2016 年，人気テレビドラマのエンディング「恋ダンス」を，多くの視聴者が音源を無断で使用し踊っている動画がネットに公開された。レコード会社は，購入した音源を使うことを条件に，ドラマ放送期間中に限り，YouTube に公開することを許

表 4.9 デジタル情報の特徴と対策
　デジタル著作権管理技術は包括的な保護技術であり，コピーも制限することができる。ここでは，ネット配信された著作物の利用を制限するものとして，送受信を制限する技術と法律に分類した。

対策	具体例
コピーを制限する技術と法律	・コピーを制限する技術 ・コピー制限を保護する法律 ・メディアに課金する法律
送受信を制限する技術と法律	・デジタル著作権管理技術 ・公衆送信権，送信可能化権 ・違法ダウンロード

可した。番組終了後,ネットに公開された恋ダンス動画はレコード会社によって削除された。

- 2019 年,コミックの海賊版へのリンクを集めたリーチサイト「はるか夢の址」の運営者に懲役 3 年 6 か月の実刑が下った。海賊版へのリンク行為 [67] は,幇助となるという解釈。

■デジタル時代の著作権対策

以上のような侵害事件を可能とするのは,デジタル情報が**図 4.16** の①〜④のような特徴をもつからと考えられる。そこで,**表 4.9** が示すように,①②③への対策として「コピーを制限する技術と法律」が,④への対策として「送受信を制限する技術と法律」が取られている。次に,これらについて説明する。

■コピーを制限する技術と法律

まず,コピーを制限する技術として,音楽 CD や映画 DVD のように読み込みを制限するものとして CCCD（コピーコントロール CD）やアクセスコントロールされた DVD [68] がある。ただ,コピーコントロールや暗号化は,技術的知識がある者の手にかかれば解除されてしまう可能がある。そこで,これらの保護技術を外すことを法律で禁じるという法的対策を併用する。**表 4.10** に,複製を制限する技術的対策とその実効性を担保する法律についてまとめた。

ここでアクセスコントロールの回避行為とは,いわゆるリッピングである。映画 DVD などをリッピングしてコンピュータに複製をとる行為は,刑事では罰する法律はないが,民事では差止請求や損害賠償請求の対象となる。回避装置などの譲渡などは,リッピング用の装置やソフトウェアを販売する行為であり,刑事民事で処罰の

保護技術と回避行為		民事	刑事
アクセスコントロール	回避行為	損害賠償請求権	なし,ただし業として行った場合は,3 年以下の懲役または 300 万円以下の罰金
	回避を伴う私的複製	損害賠償請求権	なし
	回避装置などの譲渡	損害賠償請求権	3 年以下の懲役または 300 万円以下の罰金 視聴制限回避装置などの譲渡を含む
コピーコントロール	回避行為		なし,ただし業として行った場合は,3 年以下の懲役または 300 万円以下の罰金
	回避を伴う私的複製	損害賠償請求権	なし
	回避装置などの譲渡	損害賠償請求権	3 年以下の懲役または 300 万円以下の罰金

67）海賊版へのリンク行為
その後,違法コンテンツへのリーチサイトの運営等は,2020 年 10 月 1 日改正著作権法施行により著作権法違反となった。

68）CCCD（コピーコントロール CD）やアクセスコントロールされた DVD
CCCD は Copy-Controlled Compact Disc の略。主に,PC に音楽 CD をコピーさせないために導入された技術。
「アクセスコントロールされた DVD」とは,暗号化によって視聴や複製がコントロールされたもの。具体的には,記録媒体用の CSS（Content Scramble System）や AACS（Advanced Access Content System），機器間伝送路用の DTCP（Digital Transmission Content Protection）や HDCP（High-bandwidth Digital Content Protection），放送用の B-CAS 方式など。

表 4.10 保護技術と法的対策
2018 年 2 月の TPP 発布にともなう改正にあわせまとめた。なお,業として技術的保護の回避行う行為は非親告罪である。
「無名の一知財政策ウォッチャーの独言」より引用加筆した。
http://fr-toen.cocolog-nifty.com/blog/2016/03/post-2e84.html

権利等		内　　　容	条　　文	罰　　則
公衆送信権		テレビやラジオなどのメディアを通して不特定多数[27]に対して著作物を送信する権利。1997年の著作権法改正で，ユーザの求めに応じてインターネット上のサーバから行う送信も「自動公衆送信」として付け加えられた。インタラクティブ送信とも呼ばれる。	第2条9-4，第23条，第119条	10年以下の懲役または1000万円以下の罰金。
送信可能化権		公衆の求めに応じて自動的に送信を行う装置（Webサーバなど）に情報を記録・入力する権利。すでに情報が記録・入力されている装置をネットワークに接続し，自動公衆送信を可能にする権利。	第2条9-5，第23条，第119条	10年以下の懲役または1000万円以下の罰金。
違法ダウンロードの禁止		私的利用の目的であっても，有償の著作物を，違法にアップロードされたと知りながらダウンロードする行為は，権利者による親告によって罰せられる。ただし，Webブラウザなどで閲覧する行為は処罰の対象外とされる。 2021年1月1日より，録音録画ファイルに限らず，漫画や書籍，新聞，論文，ソフトウェアのプログラムなどすべての著作物に適用範囲が拡大された。	第119条3	2年以下の懲役もしくは200万円以下の罰金。
海賊版へのリンクサイトの運営とリンクの提供	リンクサイトの運営	海賊版サイトへのリンクのまとめサイトを運営する行為は処罰の対象となる。ただし，過失は含まない。親告罪。従業者が違反行為をした場合，彼が属する法人などの事業主体もともに罰せられる両罰規定である。	第119条2-4および5，第123条1，第123条1-1	5年以下の懲役もしくは500万円以下の罰金またはその併科。
	リンクの提供	リーチサイトなどにおいて侵害コンテンツへのリンクを掲載する行為など，著作権などを侵害する行為。親告罪。	第120条2-3，第123条1	3年以下の懲役もしくは300万円以下の罰金またはその併科。

表4.11　インターネットにかかわる著作権
　インターネットは，テレビやラジオと異なり番組表もなく，いつ送信されたかを確認することが難しい。よって，閲覧者がいない状態でもデータの違法な送信を違法行為とするため，送信可能化権が必要となった。ただし，Youtubeに違法コンテンツがアップロードされた場合でも，Youtubeのプラットフォームサービスは規制対象外となっている。

対象となっている。

　ただし，レンタルCD店などでは，PCへ曲を複製できないと売り上げが減少することもある。ユーザのニーズからかけ離れた対策は逆効果になることも留意しておくべきである。また視点を変えて，複製は許すかわりに，複製先のデジタル機器やメディアの価格にあらかじめ著作物の対価を上乗せしておく補償金制度もある。

　未使用のメディアに補償金をあらかじめ課金しておき，それをクリエータに再分配する制度として私的録音録画補償金制度[69]がある。音楽用CD-R，録画用DVD，デジタル録音機などが対象となっており，価格の0.13~1.5%が補償金として上乗せされている。回収された補償金は，公益団体を通じて再分配されるが，市販の音楽や動画を記録しなくても一律に課金されること，徴収された金額がどのように権利者に再分配されるのかがわかりにくい，JASRACやレコード会社に所属しないアーティストへの再分配は手間がかかるといった問題点がある。ただし，一律課金を，二次使用の際の手続きが不要になる，個別に使用許諾をとるなどの煩わしさから解放

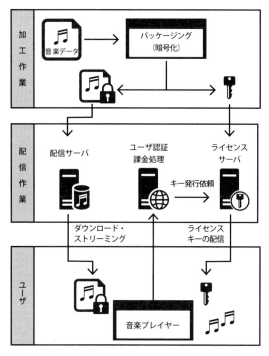

加工作業

パッケージング
音楽，映像などのコンテンツを，通常の状態では利用できないように，デジタル化および暗号化する。

ライセンスキー
パッケージング時に，暗号化されたコンテンツを復号するためのライセンスキーも同時に生成する。

配信作業
暗号化されたコンテンツは，配信サーバ(http によるダウンロード，ストリーミング)，CD-ROM による配布などの方法を用いて配布することができる。

ユーザ
デジタルコンテンツの再生時に，取得済みのライセンスキーで有効期限内のものであれば，コンテンツは再生される。ライセンスキーが未取得，または無効な場合，パッケージング時に埋め込まれた Web ページのアドレスへ自動的にアクセスする。
この時点で，ユーザ認証課金などのアプリケーションにより独自の処理が行われる。ライセンスキーの発行条件が整った場合，ライセンスサーバから，ライセンスキーが配信される。

図 4.17　DRM の仕組み
Windows Media Player の場合。
安藤和宏（2018）「よくわかる音楽著作権ビジネス」Rittor Music より引用。

されるなど利便性の観点からみた場合，再検討に値すると思われる。

■送受信を制限する技術と法律

　不正な送受信を制限するために導入された権利として，公衆送信権(インタラクティブ送信権)，送信可能化権がある。これによって，他人の著作物を許可なくネットにアップロードする行為は違法となる。ただし，アップロードされたものが海賊版でない限りは親告罪である。また，海賊版のように違法にアップロードされたものと知りながら，それをダウンロードすることも法的規制の対象となっている。また，通常はリンクを張る行為は著作権を侵害しないとされているが，リンク先が海賊版の場合は処罰の対象となる。以上，不正なコンテンツの流通を規制する法律を**表 4.11** にまとめた。

　「デジタル著作権管理　Digital Rights Management（DRM）」は，音楽などのインターネット配信で使われているもので，データを暗号化して配信し，あらかじめ解読キーを購入していないと再生できないようにするものである（**図 4.17**）。DRM によって，利用状況を正確に把握でき，１利用ごとに正確な課金が可能となる。また，権利者が意図しない利用を抑制禁止することが可能である。ただし，

る。また動画は，社団法人私的録画補償金管理協会（SARVH）を通じて再配分されていた。しかし，対象機器がアナログデジタル変換機器のハードディスクレコーダであり，アナログ放送が終了したことで SARVH は解散し，私的録画補償金制度は機能していない。
　詳しくは，下記を参照。
2011 年 12 月 22 日
知的財産高等裁判所
平成 23 年（ネ）第 10008 号
のちに，2012 年 11 月 8 日，最高裁判所第一小法廷は上告を棄却。

導入には大きなコストが必要であること，音楽 CD や書籍のようにコンテンツが勝手に流通する「ひとり歩き」がなく，常に権利者の管理下にあること，独占管理となることから，文化の伝承や消費者の利益の観点からは課題がある。

このように，インターネットによる著作権侵害に対しては，技術と法律の双方で対応をしている。それでも「保護技術とその解除方法」，「法律とその抜け穴」といった堂々巡りは永遠に続くだろう。その一方で，厳しすぎる権利の保護は，新たなコンテンツが生まれることを阻害するかもしれない。また，どれが許可をとってアップロードされたもので，どれが違法なものであるかがわかりにくいことからの混乱もある。先に示した「恋ダンス」は，みんながやっているから許されているのだろうと見なされてしまったのかもしれない。AKB の「恋するフォーチュンクッキー ○○○ Ver. / AKB48[公式]」とよく似た先例もあることから著作権侵害になっていることに気がつかない人が多かったようである。AKB はプロモーション使用許諾が与えられていたが，「恋ダンス」はそうではなかった。また，Youtube では「歌ってみた 70)」は許諾されているが，他人の音源を使った「踊ってみた」はそうではないことも，権利関係をわかりにくくしていたと推測できる。日本レコード協会は，許可をとってアップロードされたものには「エルマーク 71)」を表示するよう薦めている。参考できるものの 1 つであるが，自由に好きなときに制作しアップするという著作物の利用形態が，著作権が親告罪がゆえに黙認されている場合も多いことから，周知徹底は難しいと思われる。むしろ，スマホなり PC を購入した際に定額を支払うシステムの方が現実的かと思われる。

4.6.4　著作権の管理

　作家が著作権の対価を自らの手で集金することは不可能に近い。また著作権侵害があった場合に個別に対応することも難しい。そこで，以下のような著作権管理団体 72) に管理を委託する。

・詞曲を管理
　社団法人日本音楽著作権協会（JASRAC）
　株式会社 NexTone
・音源，著作隣接権を管理
　社団法人日本レコード協会（RIAJ）
　特定非営利活動法人インディペンデント・レコード協会（IRMA）

70）歌ってみた
　自分で演奏している動画の場合は，Youtube が既に JASRAC と包括契約済み，ユーザが許諾をとる必要はない。ただし，音源を動画で利用するには，レコード会社から許諾を得る必要がある。
JASRAC インターネット上での音楽利用
https://www.jasrac.or.jp/info/network/index.html

71）エルマーク
　適法なインターネット送信かどうかを判別する方法として，サイトに「エルマーク」が表示されているかを確認する方法がある。「エルマーク」は一般社団法人日本レコード協会が発行しているもので，適法なサイトにすべて表示されているとは限らない。
エルマーク
http://www.riaj.or.jp/lmark/

72）著作権管理団体
　JASRAC は主に作曲家・作詞家の著作権を管理する。管理している楽曲は http://www2.jasrac.or.jp/ で検索できる。NexTone も作曲家・作詞家の権利を管理。JASRAC はどちらかというと演歌歌謡曲の楽曲，NexTone はニューミュージック系を中心をとした楽曲を管理している。他に，インディーズ系の楽曲を管理している IRMA などもある。RIAJ はレコード会社の著作隣接権や音源を管理。

・実演を管理

社団法人日本芸能実演家団体協議会（芸団）

・その他

協同組合日本脚本家連盟

協同組合日本シナリオ作家協会

社団法人日本複写権センター

Webページにかかわらずテレビやラジオで音楽を配信する場合，その曲の作曲家，作詞家，演奏家，レコード会社などすべてから許諾を取り使用料金を支払わなければならない。その窓口が上記管理団体となる。利用する側は個別のアーティストに支払うという煩雑さから解放される。テレビやラジオ，インターネット放送で楽曲を流す場合，使用料金は，過去の使用量に従って金額を納める包括契約[73]となる。

PCと作曲ソフトによって，個人でも高品質の楽曲を作成できるようになった。それでは，上記の管理団体に自分の作品を管理してもらえるかというと，そう簡単には行かない。作品の公表実績が必要な場合が多い。例えば，JASRACに作品を管理してもらうには，第三者が開催した500名以上で入場料のあるコンサートで作品が使われ，CDをレコード会社から1000枚以上出している，作品が放送で使われているかなどの公表実績[74]が必要である。PCで音源をつくり，音源や著作隣接権をRIAJに管理してもらうときも同様であろう。IRMA以外の従来の著作権管理団体はどちらかというと大企業中心であるからである。デジタル技術の発展にともない，インターネットは新しいメディアとして，個人でも社会に作品を発表できる環境である。そこから活動を始めたばかりのアーティストにとっては，著作権管理団体の敷居が高い。

著作権の管理とは何かを検討してみると，1つは利用条件を明示し許諾を与えること，もう1つは使用料金を徴収することだろう。後者には，コンビニ決済など様々なサービスを利用すればよい。前者をデジタル技術を利用して自動的に行うものとして「クリエイティブコモンズ」[75]がある。これはインターネット上に作品を発表する際に，権利の所在と許諾している使い方をデジタル技術を使用して社会に表明するというものである。通常の©は「無断使用禁止」という主張であるのに対して，クリエイティブコモンズは「非営利なら自由に使って下さい」「改変可能」などの使い方が作品に添えられており，「使われる」ことを前提とした著作権管理の方法

73）包括契約

JASRACは最初につくられた著作権管理団体であり，管理している楽曲が非常に多いことから，新規参入を妨げているとの批判もある。特に，「すべての管理曲について年間一括で放送の許可を与え，定額の使用料（放送事業収入などの1.5%）を徴収する」方法は，独禁法に違反するとして，2009年公正取引委員会が排除措置命令を出した。

2015年に最高裁がJASRACの上告を棄却し，それを受けてJASRACは従来の包括徴収方式を改めると表明した。

74）公表実績

JASRACからは，録音実績，放送実績，演奏実績，出版実績，業務用通信カラオケ実績を問われる。詳しくは下記を参照。

JASRAC「JASRACに著作権を預けるには？」
https://www.jasrac.or.jp/park/work/work_3.html

75）クリエイティブコモンズ

ローレンス・レッシグなどによって始められた新しい著作権管理方法。個人事業主など小規模事業者の著作権管理に向いている。トピックス⑩で詳しく述べる。
http://creativecommons.jp/

である。

4.6.5　著作権法が抱える課題

　ここでは，現在の著作権法が抱える課題について見解を述べる。

■「私的使用のための複製」の代行

　私的使用のための複製は，著作権の制限事項として認められている（第30条）。しかし，その代行を業とするものは認められない。その例として，次のものがある。

・ロクラクII事件

　　（株）日本デジタル家電が，インターネット通信機能付きハードディスク・レコーダー「ロクラクII」親機を自分の敷地内に設置するサービスを提供した。利用者はインターネット回線を通じて子機を操作し，親機に録画された番組を視聴できる。複製権および著作隣接権侵害で，NHKをはじめとするテレビ局より訴えられた。私的使用のための複製は，本人が行わなければならないという判断。2011年1月20日最高裁第一小法廷判決。

　同様に，単行本のスキャン代行サービスも違法と判断された。多くの書籍を有する人にとっては，このサービスは非常に助かるものであるとともに，スキャンされたデータやスキャンのために裁断された書籍の管理などを厳密に行えば，被害者は不在となるように思える。海外では問題なく，新たなサービスとして事業展開されている。

■パロディ

　批判的なものはパロディ，尊敬をこめたものはオマージュと呼ばれているが，それは複製もしくは翻案であり，著作権者の許諾が必要である。さらに，パロディであれオマージュであれ，それらが成立するためにはネタバレは必要条件となる。過去に，次の事件でパロディとして二次利用する正当性が問われたが，認められなかった。

・マッドアマノ事件

　　週刊現代1967年6月4日号「マッド・アマノの奇妙な世界」に白川義員撮影のアルプスを滑降するスキーヤーの写真のカレンダーをもとにしたフォトモンタージュ作品を掲載。白川氏が著作者人格権侵害として告訴。1986年，最高裁は，著作者人格権を侵害しているとし，白川氏の主張を認めた。

　MADも含めて，高い芸術性のパロディやオマージュができた場

合でも，原作者の親告によって違法な著作物となってしまうことは，芸術は個人のものではなく，社会全体の財産であるという観点から疑問である。社会の中に，この利用は正当であるか否かを判断するための基準を設けるべきではないだろうか。同時に，最高裁の判決は，複製権および翻案権の侵害ではなく，人格権（氏名表示権，同一性保持権）侵害との判断であった。日本では人格権を必要以上に保護する傾向が強いように思える。

　著作権法の目的は「文化の発展に寄与する」とある（第1条）。そのためには，作家が作品を制作することで生活できるように収入を保証することは確かに必要であるが，同時に，クリエータにとって「先人の作品は創造の源泉」であり，模倣は自分らしい作品をつくるための一歩であることは間違いない。作家の権利を保護することは重要であるが，模倣を許すことも重要である。侵害が本当に実害があるものかどうかを見極めることも必要であろう。

■侵害の判断は本人がなすべき

　2005年，ある漫画家の盗用問題がインターネットで持ち上がり，出版社は，問題となったマンガの連載打切り絶版，回収を決めた。盗作との指摘を受けたのは，バスケットボールの試合のシーンであり，選手の動きなどをトレースしあうことは，作家同士ではよくあることである。そもそも侵害かどうかは，本人が親告することであり，外部が騒ぐことではないように思える。この騒動で，一作品がこの世に再び出ることがなくなったことの損失が大きいのではないだろうか。

演習問題

Q1　不正アクセス禁止法の成立要件を具体的にまとめなさい。

Q2　あなたが管理している電子掲示板に「誹謗中傷された。削除してほしい」旨のメールがきた。その場合，プロバイダ責任制限法に則った適切な手順を時系列に並べなさい。

Q3　電子掲示板などへの書き込みを行う上での責任を，インターネット初心者へどう教えるか考えなさい。

Q4　プロバイダ責任制限法の成果についてまとめなさい。

Q5　肖像権侵害する行為とはどのようなものか，3つあげなさい。

Q6　プライバシー侵害の要件をまとめなさい。

Q7　自己情報コントロール権とはどのようなものか説明しなさい。

Q8　サーチエンジンによる検索結果から，本人にとって都合が悪

い URL を削除してもらえる基準をまとめなさい。

Q9　スターウォーズキッドの事件では少年の人格権はどのように傷つけられたのか，一連の報道からまとめなさい。

Q10 個人情報，個人データ，保有個人データの違いを説明しなさい。

Q11 「個人識別符号」にはどのようなものがあるか，2つのグループに分けて説明しなさい。

Q12 「匿名加工情報」とはどのような情報で，どう利用するものか説明しなさい。

Q13 「仮名加工情報」とはどのような情報で，どう利用するものか説明しなさい。

Q14 個人情報保護法の第三者提供禁止を，地域のコミュニティに適用した場合，どのような問題が起こるか考えなさい。

Q15 個人情報保護法とプライバシーの関係を考えなさい。

Q16 著作人格権は，財産権とどう異なるか説明しなさい。

Q17 著作権の制限事項について説明しなさい。

Q18 複製と翻案との違いについて説明しなさい。

Q19 クリエイティブコモンズとは何か説明しなさい。

参考文献

会田和弘他『Web 制作標準講座［総合コース］～企画からディレクション，デザイン，実装まで～』翔泳社（2012）

安藤和宏『よくわかる音楽著作権ビジネス』基礎編　第5編，リットーミュージック（2018）

岡村久道『個人情報保護法入門』商事法務（2003）

岡村久道，鈴木正朝『個人情報保護』日本経済新聞社（2005）

岡村久道『情報セキュリティの法律』商事法務（2007）

岡村久道，坂本団 編『Q&A 名誉毀損の法律実務』民事法研究会（2014）

城所岩生『著作権法がソーシャルメディアを殺す』PHP 新書（2013）

阪本昌成『プライヴァシー権論』日本評論社（1986）

佐々木良一『IT リスクの考え方』岩波書店（2008）

情報ネットワーク法学会・テレコムサービス協会 編『インターネット上の誹謗中傷と責任』商事法務（2005）

白田秀彰『インターネットの法と慣習』ソフトバンク新書（2006）

ジュリスト『著作権判例百選』有斐閣（2016）

新保史生『プライバシーの権利の生成と展開』成文堂（2001）

ソローヴ，D. J. 著，大谷卓史 訳『プライバシーの新理論』（みす

ず書房（2013）

名和小太郎『ディジタル著作権』みすず書房（2004）

林紘一郎 編『著作権の法と経済学』勁草書房（2004）

福井健策『改訂版　著作権とはなにか』集英社新書（2020）

福井健策『著作権の世紀』集英社新書（2010）

文化庁「著作権テキスト」（2020）

堀部政男『プライバシーと高度情報化社会』岩波新書（1988）

牧野二郎『個人情報保護はこう変わる』岩波書店（2005）

山田奨治 編『模倣と創造のダイナミズム』勉誠出版（2003）

山田奨治『日本の著作権はなぜこんなに厳しいのか』人文書院
（2011）

山本順一 編『憲法　問題点を解説する』勉誠出版（2008）

米沢嘉博 監修『マンガと著作権―パロディと引用と同人誌と』青
林工藝社（2001）

ローレンス・レッシグ 著，山形浩生，守岡佐草 訳『FREE
CULTURE：いかに巨大メディアが法をつかって創造性や文化を
コントロールするか』翔泳社（2004）

和崎春日『左大文字の都市人類学』弘文堂（1987）

トピックス⑦ 個人情報保護法と防災

　以前のように，地域で自然にお互いの情報を共有し助け合うことができなくなった。その結果，災害時に支援が必要な人の情報をいかに共有するかが，防災上大きな課題となった。2013年に改正された災害対策基本法では，高齢者，障がい者，乳幼児，その他の特に配慮を要する者（要配慮者）のうち，災害発生時に自ら避難することが困難な者であって，その円滑かつ迅速な避難の確保を図るため特に支援を要する者を「避難行動要支援者」とし，その名簿を作成*1 した。

　この名簿は，災害発生時の避難，安否確認，救出に利用される。しかし，避難行動要支援者への支援を市町村の職員だけでは実施できない。そこで，地域の消防団や社会福祉協議会，ボランティアにお願いするとなると，第三者提供禁止が壁となる。例外事項として「生命財産の保護」とあるが，それは本人の同意を得ることができない場合に限られる。そこで，図1のようなパンフレットを作成し，避難行動要支援者へ同意を求めている。

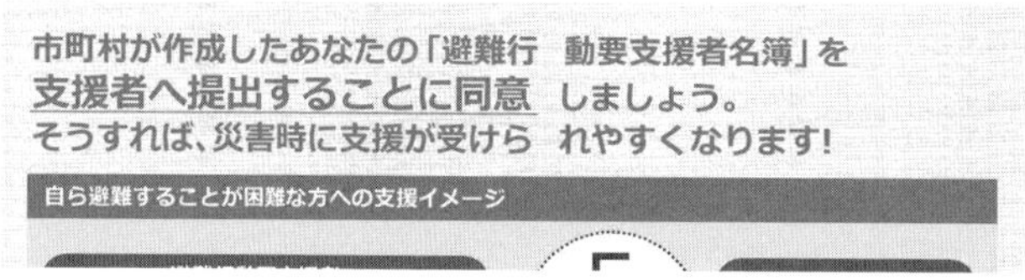

> **市町村が作成したあなたの「避難行動要支援者名簿」を支援者へ提出することに同意しましょう。**
> そうすれば，災害時に支援が受けられやすくなります！
> 自ら避難することが困難な方への支援イメージ

　同意した人たちの個人情報は，地域の支援者と前もって共有される。中には同意しない人もいる。そういう人は別名簿にまとめ市町村が管理する。災害発生時には，不同意の人の分もあわせた避難行動要支援者名簿を使い避難活動などが実施される。ここで，不同意分の名簿を地域の支援者がどうやって入手するかが課題*2 となっている。

　さらに，たとえ名簿が共有されていたとしても，それが支援に活用されるかという問題もある。2018年6月18日に発生した大阪北部地震では，ある自治体では15,737人の名簿中7,259人の安否しか確認できなった。中には，名簿を安否確認に使用しなかった自治体もあった。災害時だけ助け合おうとしても，それが難しいことは容易に想像がつく。隣近所同士でお互いに助け合うという従来の方法が，防災には効果的であろう。岩手県陸前高田市消防団員*3 は次のように語っている。「消防署が，うちから三軒隣のおじちゃんがどんな家族構成か知っているかというとそうではない。隣近所の最小限のコミュニティ組織をまとめるのが地域のお祭りであり消防団の役割。お祭りは老いも若きも町内総出でそれぞれがやるべきことをやることで，住民同士が知り合える重要な場」。個人情報保護法はこのようなコミュニティにどんな影響を与えたのだろうか。

*1　名簿を作成
　改正された災害対策基本法は，市町村にて名簿を作成する際と名簿を共有する際の，個人情報の目的外利用をよしとした。

図1　避難行動要支援者名簿を支援者へ提出することに同意を求めるパンフレット
内閣府「災害時に備えて今できること」
http://www.bousai.go.jp/taisaku/hisaisyagyousei/pdf/panf.pdf

*2　課題
　地域で様々な創意工夫がなされているが，どれも満足がいくものとは言えない。
平成29年3月内閣府（防災担当）「避難行動要支援者の避難行動支援に関する事例集」
http://www.bousai.go.jp/taisaku/hisaisyagyousei/pdf/honbun.pdf

*3　陸前高田市消防団員
「NHK 東日本大震災アーカイブ証言 Web ドキュメント」より
https://www9.nhk.or.jp/archives/311shogen/detail/#dasID=D0007010092_00000

トピックス⑧ 宇治市住民基本台帳漏えい事件

宇治市住民基本台帳漏えい事件は，初めて個人情報に値段*1がつけられたこともあり，個人情報に関する書籍でよく取り上げられている事件でもある。

この事件は，宇治市役所が1997年に健康管理のトータルシステムの一環として，乳幼児の検診システムの開発を企画したことから始まる。宇治市はA社にシステムの開発を委託した。しかしA社は企画が大型コンピュータのものであることを理由に，宇治市の同意を得てB社へ再委託した。この時点で宇治市は，B社との間に契約関係はなく，再委託を禁止する同市の条例に違反している。そして，B社はC社に対して業務委託契約を結び，C社が宇治市より再々委託*2を受けて実質的に業務を行うことになった。C社はTのみが社員の会社で，以前よりB社からの仕事を受けていた。ただ当時は，Tは多忙なこともあり，自らこの検診システムの開発を手がけず，1996年より雇った当時大学院生であったアルバイトEにその業務を任せていた。上記のような委託関係もあり，Eへの監督が適切に行われていたかについては疑問が残る。

C社のEは，1998年3月頃より宇治市市庁舎内で検診システムの構築を試みるが，エラーが多発し午後5時までに作業が終わらないことから，同市職員より口頭で許可を得て，同年4月13日に住民基本台帳データを光磁気ディスクにコピーして持ち帰り，C社で作業することとした。

それと同じ時期にEは，同市のデータを販売できることをインターネットで知り，自分のPCにそれをコピーし，さらにE自身の光磁気ディスクへコピーし，名簿業者へ25万円相当で売却した。その情報は，宇治市住民票217,608件のデータで，住民番号，住所，氏名，性別，生年月日，転入日，転出先，世帯主名，世帯主との続柄などが含まれていた。これ以降，これらのデータが名簿業者によって次々と転売されるこ

*1 **個人情報に値段**
この流出事件で，裁判所は，住民基本台帳に記載されている個人情報1件漏えいに付き，損害賠償として10,000円，裁判費用として5,000円を宇治市に支払う命令を初めて出した。

*2 **宇治市より再々委託**
宇治市住民基本台帳漏えいの経緯が判明していなかった1999年11月に，宇治市はC社と委託契約を結んだが，すでに手遅れであった。

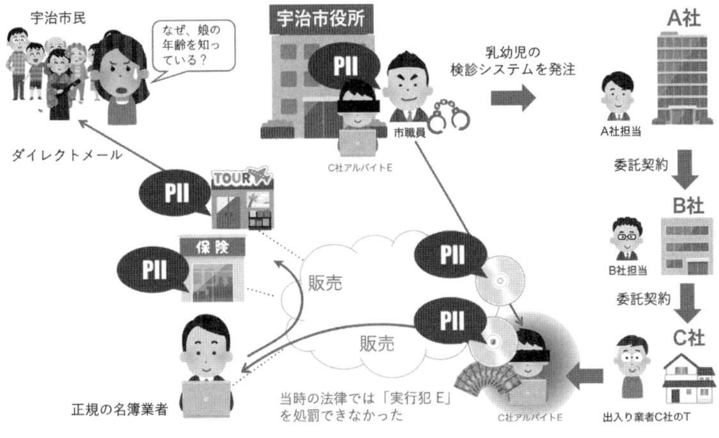

図1 宇治市住民基本台帳漏えい
大学院生E（当時）は，データベース作成のために預かった宇治市の住民基本台帳を名簿業者に売却した。当時は彼を罰する法律がなく起訴されることがなかった。逆に，市職員がデータを渡したことで罰せられた。
ここでPIIは個人を特定する情報（Personally Identifiable Information）を表す。

ととなる。

　しばらくして，新成人に対してピンポイントで晴れ着のダイレクトメールが届くようになった。これを不審に思った市議3名が調査したところ，上述のように宇治市の住民票データが販売されていることが判明した。そこで市議は1999年6月，宇治市を相手に国家賠償法1条または民法第715条*3に基づき，損害賠償金（慰謝料および弁護士費用）の支払いを求めた。これに対して，京都地裁は宇治市に責任ありとの判決を出し（2001年2月23日），大阪高等裁判所も控訴審判決で同様の判断を下し（2001年12月25日），宇治市に裁判費用を含め1人あたり15,000円の支払いを命じた。

*3　民法第715条
（使用者責任）「或ル事業ノ為メニ他人ヲ使用スル者」は被用者が事業の執行につき第三者に加えた損害について賠償の責任を負う。

　裁判所は，アルバイトEの行為をプライバシー侵害という違法行為であると断定した上で，Eが市職員の指示で同市の検診システム開発やデータを持ち出したことから，宇治市とEの間には契約関係はないが実質的な指揮・監督関係にあったとし，宇治市の監督責任を認めた。

　当時，住民基本台帳のデータは住所，氏名，性別など，本人とかかわりがある人にはすでに知られているものであることから，プライバシー侵害にならないという反論もあった。しかし，転入日，世帯主名及び世帯主との続柄など家族構成までも整理された形態で明らかになる性質のものであることから，プライバシーにかかわる情報と裁判所は判断した。

　しかしその一方で，漏えいの当事者であるEは不起訴となった。市職員と委託先に住民基本台帳の漏えいや滅失および毀損を防止しなければならない旨の新住民基本台帳法が1999年に制定されていたが，それは事件後であったことから適用できなかった。また，Eが名簿業者にデータを渡した光磁気ディスクが宇治市かC社のものであれば窃盗や横領となるが，それはE自身のものであったことから違法性はなく処罰できなかった。結局は一番悪い者が捕まらず，良かれと思って融通を利かせた宇治市のみが罰せられることとなった。

　この事件後，個人情報の不正な流通を違法行為とする個人情報保護法が必要とみなされるようになった。

トピックス⑨ パロディ，著作物の正当な利用（フェアユース）

アメリカの著作権法には，日本の著作権の制限事項にあたる「排他的権利の制限」がある。その筆頭にフェアユースがある（連邦著作権法第107条）。1841年，Folsom v. Marsh 判決で最初に確立された。これは，批評，解説，ニュース報道，教育，研究，調査などを目的とする場合，著作物を許諾なく利用できるというもので，パロディも上に該当すると言われている。最近では，プリティウーマン事件[*1]の判決で認められた。

この事件はロイ・オービソンのヒット曲『Oh, Pretty Woman』を，2 Live Crew の曲『Pretty Woman』が侵害したとレコード会社 Acuff-Rose Music が訴えた事件である。2 Live Crew の曲はロイ・オービソンの曲と出だしが酷似しており，歌詞もロイ・オービソンの曲をもじって下品にしたものである，と訴えた。1994年3月7日，連邦最高裁判所は，2 Live Crew の曲はロイ・オービソンの曲の一部を借用しているものの，それはパロディとしての使い方であって「正当な利用（Fair Use）」であると判断した。

この判決において，ロイ・オービソンの曲の一部借用がフェアユースかどうかは，次の4項目[*2]にそって検討された。

判定する際の要素	評価の仕方
使用の目的及び性格	1. 変形的使用 …損害は生じない 2. 非変形的使用　a. 非営利目的…損害は生じない 　　　　　　　　　b. 営利目的…損害が生じる
著作物の性質	芸術的著作物か，事実的著作物か，機能的著作物か
著作物全体との関係における利用された部分の量及び重要性	1. 量：目的に照らして合理的範囲内か 2. 重要性：心臓部の使用か
著作物の潜在的利用または価値に対する利用の及ぼす影響	1. 市場の範囲：既存市場および潜在的市場 2. 影響の程度： 　a. 現実に損害が生じているか，損害がある確率で起こることが予想されるか，損害が起こるおそれがある段階か 　b. 相対的評価：著作物を利用した場合としない場合で損害を評価 　c. 立証責任は非変形的・商業的目的では被告にある

連邦最高裁判所の判断のうち重要な点は，2 Live Crew は営利目的ではあるが，ロイ・オービソンの曲『Oh, Pretty Woman』をパロディとして使い，原曲にはない新しい何かをつくろうとしたと判断したことである。この利用の中で，ロイ・オービソンの曲は素材へと「変容（transformatiion）」してしまい，私たちはその素材を通じて，別の創作物を聞いているのである。その結果として 2 Live Crew の曲がロイ・オービソンの市場を横取りすることはないと結論づけた。

このシステムは，原作者が良しとしない利用法であっても，社会全体で正当と判断する基準を有しているということである。マッドアマノ事件をこの基準にあてはめた場合はどう判断されるだろうか。

*1　プリティウーマン事件
連邦最高裁判所判決
Campbell v. Acuff-Rose Music（92-1292），510 U.S. 569（1994）．原文は，以下から入手可能である。
http://www.law.cornell.edu/donors/solicit.php?http_referer=/supct/html/92-1292.ZO.html

*2　4項目
　2 Live Crew の曲は，曲の前半では，原曲フレーズをそのまま使い，その後徐々に変化していき，後半は別ものとなっている。
　また，4項目の中で「著作物の性質」はパロディであるためには「芸術的著作物」を選ぶべきであり，「著作物全体との関係における利用された部分の量及び重要性」は心臓部を必要な量使用するのも当然であるとし，この2点は，フェアユースの判定には加えられなかった。

クリエイティブコモンズ：使うことを前提とした著作権管理

　著作権を管理するには，従来はJASRACなどの著作権管理団体に委託するのが主であった。しかし，売れるかどうかわからない若手クリエータにとって，その委託費用を支払うことは難しい。そこで，インターネットに作品を発表し，その作品をクリエイティブコモンズに管理してもらうという仕組みがある。具体的には，クリエイティブコモンズのWebサイトにある作品登録画面で，自分の作品をどのように使ってほしいかという質問に答える。質問は次の4つである。

①表示について：他人があなたの作品を表示したり利用する場合にあなたの名前を掲示させるかどうか。

②非商用について：他人があなたの作品を商用利用することを認めるかどうか。

③改変禁止について：他人があなたの作品を改変し新たな作品をつくることを認めるかどうか。

④継承について：元の作品と同じ組み合わせのCCライセンスで公開するかどうか。

　回答すると，それに合った利用規約と利用規約を示すhtmlコードを入手できる。上の4つの組み合わせで，6つのパターンのライセンスを生成できる。クリエイティブコモンズは，このhtmlコードを作品とともに掲載することで，©のように「使用禁止」ではなく，「これこれの使い方であれば許可はいりません」ということを，その作品の著作者であることと同時に主張する方法である。「人に使ってもらいたいが，自分の権利は守りたい」というクリエータの要求を実現させる制度である。著作権管理団体に依存しない著作権保護であることから，今後普及することが望まれている。

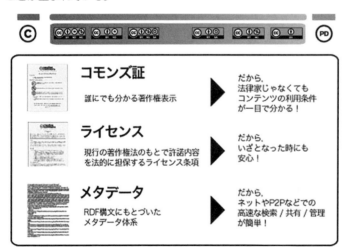

図1　クリエイティブコモンズ

　"All Rights Reserved"と"No Rights Reserved"との間にある6つの"Some Rights Reserved"の概念を表現できる。

　クリエイティブコモンズのWebサイトに作品を登録すると，「コモンズ証」「ライセンス証」「メタデータ」が入手できることなどが示されている。

　メタデータは，作品を発表しているWebに埋め込むことで，クリエイティブコモンズに登録していることを示すロゴが表示されるとともに，クリックすることでライセンスが表示される。
https://creativecommons.jp/licenses/

アニメは日本のお家芸である。その発展を語る上でコミックマーケット（以下，コミケ）*1 の存在は外せない。それは単なる世界最大のマンガ同人誌即売会ではなく，アマチュア作家が自由に作品を発表し，お互いに批評しあう交流の場でもある。そこには，「自分とは異なった意見をもつ者や批判者を排除しない」という文化がある。それが新しいものを次々と生み出していく土壌となっている。コミケは，まさに次世代のマンガ家を育てるファーム*2 としての役割を果たしている。

「模倣は創造の源泉である」という言葉がある。それは独創的な作品でも先人の何かを模倣しており，もし模倣を一切許さなければ，新たな作品は生まれないということである。コミケには模倣が多く出品される。あるキャラクターがまったく別の作品のシナリオを演じたり，まったく違った作品のキャラクター同士が共演している作品など，著作権法に照らし合わせると疑問視されるものもある。しかし，それを許すことで作家の層が広がり，結果的に優秀なプロが誕生してきたことも事実である。コミケは創造の源泉を確保する役割も演じている。

このコミケの発展は，準備委員会代表を長年務めた米澤嘉博*3 氏の力によるところが大きい。コミケに出展される同人誌には作品のレベルなどに関する審査がある。そこでは他の作品の二次使用を，市場を横取りしない，原作者よりも前に公開しないなどの条件で広く認めた。これらは，プリティウーマン事件裁判でフェアユースの根拠とされたものに非常に近い。それらを出版社や原作者に認めさせた彼の功績が，今のアニメ文化をつくったといっても過言ではない。

彼は晩年近く，「主人公がはやり歌を口ずさみながら歩くシーンなんてよくあることだ。プロを目指し原稿料ももらっていないような作家から，その曲の使用料を取ることが本当に必要なことなのか。作曲家は本当に使用料を求めているのだろうか。むしろ，使用されることや模倣されることは尊敬されていること*4 であって歓迎されるのではないか」と言っていた。だが，著作隣接権をもつ者，著作権の管理を委託されている者はそうは思わない。しかし，それは市場を横取りしているからではなく，「なぜコミケでは無料で使わせて，うちの TV 局は有料なのか」という市場の混乱を整理できないだけである。米澤氏は，出版社にコミケでの二次使用の意味を説明し，その必要性を説いて回ったという。彼は，作家が創作活動において先人の作品を材料として自由に使え，そこから新たな作品を生み出せる社会を目指した。筆者は，ファームとしてのコミケが今後も続いていくことを望む。ただし，コミケが本来の機能から大きく逸脱し，拡大し過ぎた結果オリジナルの市場を圧迫しなければ良いが…，という危惧はある。

*1 コミックマーケット
　アニメ同人誌の即売会。1975 年頃から始まった。年 2 回開催されている。同人作家から多くのプロ作家が誕生している。
　運営は準備会によって行われるが，会場の確保などは有限会社コミケットが行っている。「コミックマーケット」はコミケットの商標である。
http://www.comiket.co.jp/

*2 ファーム
　ここでは，プロになるための修行の場という意味で使っている。訴訟されることを気にせず二次使用ができる場が認められている例は世界的にも珍しい。フェアユースが認められているアメリカにさえない。アメリカのフェアユースは，プリティウーマン事件のように，どちらかといえば裁判の結果勝ち取ることが多い。

*3 米澤嘉博
　1953 年生まれ，2006 年没。コミックマーケット第 2 代代表。有限会社コミケット元社長。『藤子不二雄論 F と A の方程式』で第 26 回日本児童文学学会賞受賞と評論家としての顔ももっていた。

*4 模倣されることは尊敬されていること
　2004 年 11 月 7 日，イーパーツ主催シンポジウム「著作権ってどうよ」での発言。
http://plusd.itmedia.co.jp/lifestyle/articles/0411/08/news013.html

第5章

情報倫理

情報モラル教育

子どもたちの間に，スマートフォンや SNS が急速に普及したことに伴い，インターネットの長時間にわたる利用や，SNS 上でのトラブルに遭遇することなどが起こっている。また，不適切な行動の動画などを公開し問題となったり，犯罪にまきこまれることも増加している。これに対して，文部科学省は情報モラルを「情報社会で適正な活動を行う為の基になる考え方と態度[1]」と位置づけ，具体的には次の内容を，情報活用能力の 1 つとして子どもたちに身につけさせようとしている。

● 情報社会で適正な活動を行う為の基になる考え方と態度
- ・他者への影響を考え，人権，知的財産権など自他の権利を尊重し，情報社会での行動に責任をもつこと。
- ・犯罪被害を含む危険の回避など，情報を正しく安全に利用できること。
- ・コンピュータなどの情報機器の使用による健康とのかかわりを理解すること。

初等中等教育の学習指導要綱に盛り込まれる内容であることから，情報社会に的確な判断ができない児童・生徒を守り，危ない目に遭わせない，人を傷つけたり犯罪を犯さないようにする危険回避（情報安全教育）に重点がおかれていることは致し方ない。ついつい，情報モラル教育は，「危険に近づかないのが最前の策」となりがちである。

しかし，現実は，道徳・社会的規範に従わせることや法令遵守だけではなく，インターネットで様々な人とかかわり，時にはともに活動することが求められるし，現在の情報社会の欠点を指摘し，それをどう改善していくのかというクリティカルな視点も必要となる。むしろ，こちらの方が危険回避手段より重要なスキルであろう。その視点は，誰かに教えられる社会的規範よりももっと根源的で，一個人として「この情報社会をどう感じるのか」という点に立脚しているものであろう。

1) 情報社会で適正な活動を行う為の基になる考え方と態度
　ここでは，青少年インターネット環境の整備等に関する検討委員会の令和元年 12 月 5 日の下記資料を参照した。
文部科学省（2019）「学校における情報モラル教育について」
https://www8.cao.go.jp/youth/kankyou/internet_torikumi/kentokai/43/pdf/s3.pdf

モラル（Morality）の語源は，ラテン語で習慣や風習を表す mos の複数形 mores から，倫理（Ethics）のそれはギリシア語で性格や品性というその人の内面にあるものを表す ethos から来ている。このモラルと倫理の違いは，それぞれ次のものにあたるのではないだろうか。

● モラルと倫理 [2]

・モラル：ある時代に，あるグループによって承認される行為の準則の全体で外的強制力をもつもの。

・倫理：個人の意識や意思に働きかける内的規範。宗教的につちかわれたものや人生の信念として定着したもの。

子どもたちに本当に身につけて欲しいのは，情報モラルではなく情報倫理なのではないだろうか。

情報モラルであろうと情報倫理であろうと，情報教育で取り上げる内容は日々増えている。教員が，プログラミングも含め，新しい技術の魅力とリスクを判断し，それを的確に子どもたちに伝えるには，負担が大きすぎる。一方，子どもたちは，物心がついた頃にはインターネットに接続したコンピュータが家にあるデジタルネイティブである。教員がマニュアルを片手に奮闘しているうちに，子どもたちは，新しい技術の魅力を敏感に捉え，驚くべき早さで自分のものにしている。教員にスキルアップしてもらうことが一番であるが，情報教育を専門とする NPO などと協働して情報モラル授業を運営することも考えるべきであろう（**図 5.1**）。

2）モラルと倫理

平凡社『哲学事典』の下記「道徳」を参考にした。

「社会現象ないし事実としてみれば，道徳はある時代に，あるグループによって承認される行為の準則の全体である。したがって，道徳は習俗と最も密接な関係がある。（略）この側面において道徳は時代とともに変遷し，民族，地域によって異なる。またこの関連において道徳は外的強制を伴い，法や人倫的しきたりと接触する。しかしまた個人の意識や意思に働きかける内的規範としてみれば，道徳は無条件に普遍的に妥当とみなせる行為の準則の全体である。道徳はこの側面においてはむしろ宗教的な戒律と密接に関係する。善悪の判断の基準となり，行動へと駆り立てる主体的道義としての道徳は，宗教的につちかわれた，あるいは各人の人生遍歴において信念として定着したエートスに基づいている。」『哲学事典』平凡社（1978）p.1010。ここで「エートス（ethos）」とは性格や品位を意味する。

図 5.1 NPO 法人イーパーツが，小学校を中心に行っている講座。教員が課題と思われる点を挙げ，イーパーツと現役の大学生が授業を組み立て実施する。この講座では，子どもたちに拒否感なく理解してもらうために，情報セキュリティ双六「せきゅろく」を制作し授業の導入に用いている。同時に，大学生から日々の授業でコンピュータをどう活用しているか，大学ではどういう研究をしているかなどについてのレクチャーもある。PC は危険なことと役立つことの双方を学習する。

特に小学生の場合，読み書き計算能力だけではなく，「人に優しくする」「困った人を助ける」「人を信じる」など，人とのかかわり方を身につけるのも，教育における大きな目的である。道端で苦しむ人がいたら優しく声をかけるよう導くのが教育であろう。しかし，昨今のインターネット詐欺を見ていると，子どもたちには「いかに騙されないか」「ニセモノと見破れ」などと，まず人を疑うことを教えざるをえない。ともすれば，インターネットを悪者にすることもある。

　この二面性に折り合いをつけるには，インターネットの危険性だけを教えるのではなく，デジタル技術の素晴らしい活用方法を同時に伝えるべきであろう。光と影のバランスはもちろん，インターネットが健全な社会の実現のために必要であることも積極的に伝えるべきであろう。それが将来，インターネットの影の部分を薄くする唯一の方法ではないだろうか。

▸▸▸ 5.2
情報モラルと情報倫理

　本書では，モラル（Morality）と，倫理（Ethics）とを区別した。前者は社会全体より守るようにいわれる規範，後者はより個人の心から発せられる自発的なものということができよう。この観点で情報倫理と情報モラルを先のように整理する。

● 情報モラル
　・情報社会において，生活者が情報機器やインターネットを利用して，お互いに快適な生活を送るために必要とされている規範や規則。
● 情報倫理
　・情報機器やインターネットを利用して，お互いに快適な生活を送るために必要な規範や規則であるが，情報モラル・法律などの規範とその適用，技術の開発や利用など，デジタル社会のあり方について批判的な検討を通して得られた，個人の内面から発せられた規範や規則。

　デジタル社会の画一的な規律の押しつけは避けるべきである。常に新しい事象が生まれては消えていくインターネット社会では，教室で教えられていない場面に遭遇することも多々ある。そのような場面を見越して，何が正しいのかを独力で判断し行動する能力を育

成しなければならない。時には既成の規則に異論を唱えることも必要となろう。

　法律と情報モラル・情報倫理の違いは**表 5.1** のようになると考える。

	法	モラル	倫理
根拠	国民の合意	習慣, ある社会による承認	内面的義務感や正義感, 他者への思いやり
強制力	国家による強制	コミュニティによる無言の圧力	自己矛盾, 他人の痛み
強制の方法	強制執行	叱咤, 非難, 後ろめたさ	自発性, 良心の呵責
適用領域	法の原則が確立された分野	法が不在または法の原則が未確立の分野	

　ところで, 規範や規則が情報モラルとして社会に受け入れられるには, 次の要素が必要であろう。

- 価値観の共有化：規則を受け入れるには, その規則の背後にある価値観が共有され, その規則が生み出す社会のあり方について, その社会やコミュニティの構成員が同じ見解をもつ。
- ルールの徹底：規則が機能するには, 例外なくそれが徹底される必要がある。ルールに従うための教育がなされ, ルールに従った場合の利点やそれに従わない場合の罰則が明示される。
- 自発的な動機付け：強制や押しつけによってではなく, ルールに従うことの必要性が自発的に動機づけられる。

　この三要素の中で「価値観の共有化」と「自発的な動機づけ」は, 外的に強制されるものではなく, 各個人が現在のデジタル社会の諸問題をみてどう考えるか, ということによる。そう考えていくと, 規範や規則としての情報モラルであっても, その確立には, 内面的な義務感に基づく情報倫理の要素が必要になるだろう。

　また現代では, 様々な価値観が対立している。一人の人間であっても, 生活者として, 企業の従業員として, 様々な立場を抱えて生きている。それぞれの立場で責任や規則が異なり, 場合によってはモラルも異なってくる。環境保護と利益拡大などに表されるように, 価値観が対立し, 規則も相容れない場面に直面することも少なくない。内部告発などの場合には, 企業人としてよりも生活者としての立場を優先させなければならないこともあるだろう。このように様々なコミュニティが複雑に入り組んでいる現状では, 複数のモラ

ルを使い分けたり，状況に応じて，どちらかを優先させたりすることもある。また，新しい価値観を創出していかなければならない場合もある。そこでは，外部より与えられる規則ではなく，自らの経験と知恵で判断をしなければならない。ここでは，そのような地平を「情報倫理」と呼ぶ。

　例えば，「著作権は尊重し保護しなければならない」と情報モラルはいう。「しかし，保護期間が 95 年であるのはおかしい」「フェアユースから鑑みて，パロディにおいては著作物はもっと自由に使われてしかるべきではないか」と，現在の情報モラルの不備を指摘し，それを改善するように進めていくきっかけは，個人の倫理観に端を発することは珍しくない。たった一人の指摘が社会を変えることもある。逆に，個人の倫理観が政治権力によって押さえつけられたことも，残念ながらあった。単に情報モラルを受け入れるだけではなく，必要に応じてそれを批判的に解釈し改善するには，より個人の心に根ざした倫理観が必要であると考える。

　では，情報倫理は倫理学とどのように異なるのであろうか。

■応用倫理（メタ倫理）と倫理学

　情報倫理は，「人工中絶は是か否か」「クローンを生み出すことは許されるのか」などを問う生命倫理，環境問題を問う環境倫理のように，現実的諸問題に取り組む倫理学の 1 つとされている。一方，倫理学は「正しいとはどういうことか」「善とは何か」「自由とは」のような抽象的なテーマを扱い，応用倫理の個別の解を根拠づける[3]。

　デジタル社会の安全・安心のためには，技術的対策と法的対策，そして倫理的対策が必要であることはすでに述べた。この節で考察してきた情報倫理は，まさに，この倫理的対策が従うものと言える。そして，その根底には，その人が考える倫理学的な「正しさ」があると考えられる。

3）応用倫理の個別の解を根拠づける
　例えば，「たばこをやめることを強制してよいか」という応用倫理の課題に対して，公的機関が個人の生活に干渉できるのは「個人の行為が他の他人に危害を与える限りにおいてである」という他人危害排除の原則が持ち出される。この原則がなぜ正しいのかは，「自由」の概念をどう考えるかによる。これが倫理学のテーマとなっている。

▶▶▶ 5.3
情報倫理の役割

　これまで，デジタル社会で安全・安心に生活するために技術的対策や法的対策，倫理的対策が必要と述べてきた。そして，倫理的対策は，情報倫理によってなされるものであると説明してきた。ここでは，情報倫理の観点から，情報社会が抱える課題をいくつか再度あげてみる。

■個人情報保護法による地域コミュニティの崩壊

　個人情報保護法は, 企業と顧客との関係を想定している。つまり, 企業が顧客情報を利用目的を明示して収集し, それ以外には使用しない, 第三者に無断で提供しない, 安全に管理するなどである。しかし, 地域コミュニティでは, 個人情報を地域で共有することで共同体を維持してきた側面がある。つまり, 一人暮しの高齢者や変質者の情報を地域の人たちが共有することで, 地域の安全・安心を確保してきた。それが個人情報保護法によって禁止され, コミュニティの維持が難しくなってきている。

■著作権のフェアユースは非常に限定され固定的

　現行の著作権法[4] では, 著作物を著作者および著作隣接権者の許諾なく利用できるのは, 私的利用, 点字などへの利用, 引用, 学校教育の場での利用, 非営利の場合などとかなり限られている。パロディなどでの二次利用については, マッドアマノ裁判が示すように厳しく制限されている。しかし, 二次利用されることで, 原作がより売れることもある。市場を横取りされなければ, 次の世代の作家に創作の源泉として二次利用させることは, 長い目でみた場合, 文化の発展のためになる。

　同様に, 著作物の長過ぎる保護期間も問題である。作家にインセンティブを与え, 作品で生活できるようにすることで継続的に良い作品を創作してもらおうとするのが著作権の目的である。

　これに対して, そもそも完全な創作というものはない, 先人の作品は創造の源泉であり, 作家はみな先人の作品をどこかで模倣している, だからフリーで使えるということは文化の発展上必要であるという意見もある。

　どちらも正しい。だからこそ, 著作権保護期間というものがある。先人の知恵を借りてしか創作できないとしても, それを自分や家族が生活できるぐらいには独占することを許してもらい, それで生活費を得て, 社会を豊かにする作品をまた創ろう, そして時期がきたら, その作品を社会に還そう, ということが著作権のそもそものあり方であったのだろう。しかし, 著作権の管理代行が社会的に求められたり, レコード会社や放送局などの著作隣接権をもつ団体なしには作品を世に出すことができなくなったことなど, クリエータを取り巻く社会が複雑化するにつれて, 著作物の保護がクリエータの保護を飛び越えてビジネスの継続上必要なこととなってきた。つまり, ディズニーやJASRACのように著作権管理ビジネス[5] が成立

4）現行の著作権法
　2021年11月時点での著作権法を基準としている。

5）著作権管理ビジネス
　JASRACは, 作曲家や作詞家から委託を請けて著作権を管理するビジネスを展開している。放送局やカラオケなどでの作品使用料金を徴収し手数料を差し引いた金額を著作者へ還元する。ディズニーの主な活動は創作ではなくなってきており, ミッキーマウスなどキャラクターの使用料金やPixerが制作した作品をディズニーブランドで公開するなどのマネージメントが主となってきているようである。

してくると，「文化の発展のため」といいながらも実は保護すること自体が目的となり，「保護するために保護する」「自分たちが生き残るために保護する」という作家不在の状況となってきていることは否定できない。このことは，ミッキーマウスの著作権が誕生から100年近く保護されていることや，CD プレイヤーで聴けないCCCD などから容易に想像できる。これでは作家不在，消費者不在といわれても致し方ない。

■有害情報規制と「表現の自由」の制限

　自殺の方法を提示したり，一緒に自殺する仲間を募る Web サイトが存在する。また，薬物や爆弾のつくり方を事細かに示しているサイトもある。実際に薬物を作成し，それをインターネット上で販売しようとすれば犯罪となるが，情報を掲示するだけでは法律で罰せられることはない。それは「表現の自由」が憲法上保証されているからである。

　「表現の自由を制限し，有害情報を法的に規制すべきである」という意見もある。しかし，何を有害情報とするかを定義することは非常に難しい。また，戦前の言論統制によって，国が戦争への道を進むことを止められなかったことを，私たちは知っている。

　今起こっている問題に対して，新たな法律をつくり規制することは問題解決のための1つの手段である。しかし，法律が一度つくられてしまうと，それによって私たちの生活や活動がより制限されることを忘れてはならない。法律による解決には即効性があり，そして自分が直接対応しなくても，国が権力でもって対処してくれるはずと期待するかもしれないが，法律を新たにつくるということは，私たちの自由を国に差し出すことになるのを忘れてはならない。情報倫理教育は，「今すぐ」には効果は出ないかもしれないが，法律によって規制するよりも，将来の社会をより良いものとするだろう。

　デジタル社会のように，コンピュータの発達により起こる問題を解決する役割として，情報倫理を最初に上げたのはジェームズ・H・ムーアであった。

■ムーアのコンピュータ倫理学 [6]

　ムーアの時代は情報倫理という言葉はなかった。彼は，「コンピュータ倫理学」で，コンピュータ・テクノロジーの本質およびそれが社会へ与えるインパクトを分析し，そのようなテクノロジーを倫理的に使用するための指針を定式化し正当化することの重要性を説いた。つまり，コンピュータは，単に人よりも速く紙幣を数える

6）ムーアのコンピュータ倫理学
What is Computer Ethics? Metaphilosophy, Vol. 16, No. 4（1985）
https://onlinelibrary.wiley.com/doi/10.1111/j.1467-9973.1985.tb00173.x

ことができるだけではなく，新たな貨幣の概念をつくってしまうような
ようなインパクトをもっている。このような価値観の変化に，私たち
はどう対応すればよいのか，私たちの人権はどのような影響を受け
るのかを考えなければならないとした。

　本書 1.2 節では，ムーアのこの視点に基づき，倫理的対策として，
技術的・法的対策の不備を補う補足的な機能，対策が偏らないよう
にチェックする批判的な機能を提案した。また，R. セヴァーソン
（Richard Severson）は，のちに，情報倫理を次のように定式化する。

7）R. セヴァーソンの情報倫
理 4 原則
"The Principles of Information
Ethics（情報倫理の諸原理）"
M.E.Sharpe（1997）

● R. セヴァーソンの情報倫理 4 原則 [7]

　情報倫理の観点から，私たちは，次の 4 つを守るべきと彼は主張
した。

①知的所有権の尊重
②プライバシーの尊重
③公正な情報提示
④危害を与えないこと

　コミュニティサイト上での炎上や誹謗中傷を省みると，この 4 原
則に，次の「寛容であるべき」も入れるべきではないかと思う。

■渡辺一夫「寛容は自らを守るために不寛容に対して不寛容になる
べきか」 [8]

8）渡辺一夫「寛容は自らを
守るために不寛容に対して不
寛容になるべきか」
大江健三郎・清水徹編
渡辺一夫評論選
「狂気について　他 22 篇」
岩波文庫（1993）

　渡辺は，報復（不寛容）が報復の連鎖を生じせしめたことを，歴
史から示し，次のように語っている。

　　「いかなる寛容人といえども不寛容に対して不寛容にならざる
　　を得ぬようなことがある。…不寛容に報いるに不寛容を以てした
　　結果，双方の人間が，逆上し，狂乱して，避けられたかもしれぬ
　　犠牲をも避けられぬことになったり，更にまた，怨恨と猜疑とが
　　双方の人間の心に深い襞を残して，対立の激化をも長引かせたり
　　することになる（pp.194-195）」

　　「人間を対峙せしめる様々な口実・信念・思想があるわけであ
　　るが，それのいずれでも，寛容精神によって克服されないわけは
　　ない。そして，不寛容に報いるに不寛容を以てすることは，寛容
　　の自殺であり，不寛容を肥大させるにすぎないのであるし，例え
　　ば不寛容的暴力に圧倒されるかもしれない寛容も，個人の生命を
　　乗り越えて，必ず人間とともに歩み続けるだろう（p.208）」

　ここで「不寛容」とは，非合法的行為や暴力的行為，人権の侵害
などを示す。他方，「寛容」とはそれらの行為に走らず，合法的，

理性的に対応することで「無抵抗」とは異なる。例えば，乱暴な書き込みに，同様な書き込みで返すことは不寛容，通報や訴訟や無視，冷静な反論は寛容的行為となるであろう。

　インターネットの登場以来，私たちが抱えている問題を解決するためには，技術的対策だけでは十分ではないことを，いくつかの例を通して示してきた。いかなる攻撃によっても破られない防御方法はあり得ない。堅固な保護システムであればあるほど，経費がかさむとともに運用の手間も増大する。人間を機械のように扱い，技術的対策のための歯車のごとく行動することを強いるのは難しいし，するべきでもない。

　法的対策も技術的対策と同様に，万全ということはあり得ない。法律は後から整備される傾向がある。そして，どこかに抜け道がでてくるものである。

　プライバシーが権利として認められたのは，1890年にウォーレンの「一人にしてもらう権利」によるとされている。では，それ以前の日本，例えば，江戸時代の庶民はプライバシーを尊重していなかったかといえば，そうとも言えないのではないか。江戸落語には「隣家の物音は聞かなかったことにしよう」という優しい庶民の姿が描かれている。そこには「誰かの迷惑になることであれば，あえてそれをやらない」という配慮があった。それは，この現代では「自殺の仕方をWebで公開することは法的に問題なく，海外のサーバから発信すればプロバイダに削除されることもないが，それは社会の迷惑だから止めておこう」という配慮に通じるものであり，まさに情報倫理のなせるものと言えよう。

　つまり倫理的対策とは，情報社会においてすべての人が安全・安心に生活するために，社会の一員として"やらなければならないこと／やってはいけないこと"を情報モラルとし，法律や技術の穴を塞ごうとしている。それは，環境保護や遺伝子操作などと同様に正解はないかもしれないが，私たちは社会的な義務とは何かを常に検討しつつ，社会全体のために実行していくものであろう。最後に，本書で述べてきた事案や対策をもとに，デジタル時代に必要と思われる倫理的態度を参考としてあげる。

●デジタル時代の倫理的態度
・自分のためだけではなく，社会全体に迷惑をかけないために，OSのアップデートなどコンピュータのセキュリティ対策をとる。

図5.2　技術，法律，情報モラル，それらの基礎となる情報倫理

　情報社会は，技術と法律そして情報モラルによって支えられている。そのバランスの上で，様々な権利対立を解消しながら，経済活動を行い，自律と責任をもって適切な判断を行っている。
　その根底には，自分で技術や法律，そして情報モラルについて考える情報倫理からの視点が必要である。

・自分の使っているWebサイトやSNSなどが悪用されないように，パスワードは推奨以上の長さにするなど強度に配慮し適正に管理する。重要なパスワードは定期的に変更する。

・インターネットの詐欺サイトやウイルス感染事例を見かけたら関係機関に届ける。

・インターネット上のサービスへ情報を発信することは知人友人の枠を超えて社会へ何らかの影響を与えることを常に意識する。

・プライバシーや名誉など人権侵害にかかわるものでなくても漏えいすることで，誰かが困ることになったり，社会に悪影響を及ぼす情報は公開したり拡散しない。

・他人の知的財産は尊重する。同時に，文化の発展の面から知的財産の活用についても考える。

・新たにつくられようとする法律や技術的規制に対しては，鵜呑みにせず，まずはその正当性を批判的に吟味する。

・他人の行為や言動には「寛容」になること。

・「漏らすな情報，閉ざすな心」，情報をどう活用するかを常に考える。

　法律が厳しければ窮屈であり，技術的対策が長ければ面倒である。とかくゆとりがない対策は実行されない。社会秩序を維持するためには「遊び」も必要である。対策を強制されるよりも，進んで実行する方が効果的である。もしもの事態に備えて保険や保証などのセーフティネットを整えておく必要はあるが，法的規制や技術的保護対策は少し緩やかにして，穴は個人のモラルに任せ，技術と法律と情報モラルのバランス[9]で情報社会の安全・安心を確保するこ

9）技術と法律と情報モラルのバランス
　林紘一郎は，この3点に「市場・経営」の視点を付け加えたモデルを提唱している（矢野直明ほか『倫理と法―情報社会のリテラシー』産業図書（2008）p.184）。

とが望ましい（**図**5.2）。そして，そこでは教育が重要な役割を果たす。

　教育は押しつけではない。ましてや洗脳であってはならない。そのためには，今何が起こっており，何が問題で，法律や技術はそれらにどう対処しようとしているのか，そしてその対処方法で困る人はいないのかを私たちは考えなければならない。

　情報社会は，著作権や個人情報保護などでみられるように，保護と活用の対立にかかわるジレンマを抱えている。組織内で情報流出を防ごうとすれば，どうしてもスタッフのプライバシーにふれざるを得ないことが良い例である。トラブル解決の方法も，以前は正しかったものでも現在ではそうではなくなっている場合もある。現在のように変化が激しく複雑な時代は，これまでなかっただろう。そのような中で，私たちは"やらなければならないこと／やってはいけないこと"を判断して行動していかなければならない。価値観も多様である。従来の法律を改定しなければならないこともある。従来の情報モラルだけでは足りない場面も多くでてくる。誰かに教わるだけでは追いつかないのが現状である。だからこそ，私たち一人ひとりが，いろいろな立場の人と話し，いろいろなものを見て感じ，今までの知識や経験をもとに自ら判断し，社会のために行動しなければならない。そこで役に立つのは，「現在の状況を見て，自分はどう思うか」ということしかないだろう。そして「社会全体のために何をすべきか」ということである。それはまさしく情報倫理の根底にあるものであり，それが情報社会の明るい未来を切り開くものであると信じている。本書がその一助になれば幸いである。

演習問題

Q1　現在行われている情報モラル教育の実際を調べ，あなたの意見をまとめなさい。

Q2　堅固な情報セキュリティ対策を取ると，どのような弊害が起こる可能性があるかまとめなさい。

Q3　新たに法整備を行う上で配慮すべきことを挙げなさい。

Q4　情報倫理の批判的な役割として，どのようなものがあるかまとめなさい。

Q5　情報社会において，情報倫理の果たす役割をまとめなさい。

Q6　技術と法律と倫理の関係について意見をまとめなさい。

参考文献

五十嵐太朗『過防備都市』中公新書ラクレ（2004）

大屋雄裕『自由か，さもなくば幸福か？』筑摩書房（2014）

越智　貢『情報倫理学入門』ナカニシヤ出版（2004）

加藤尚武『応用倫理学のすすめ』丸善ライブラリー（1995）

加藤尚武『現代倫理学入門』講談社学術文庫（2007）

河野哲也『道徳を問いなおす』ちくま新書（2011）

竹之内禎他『情報倫理の挑戦』学文社（2015）

辻井重男『情報社会・セキュリティ・倫理』コロナ社（2012）

土屋　俊 他『情報倫理入門』アイ・ケイ・コーポレーション（2014）

永井　均『倫理とは何か』ちくま学芸文庫（2011）

矢野直明『サイバーリテラシー概論』知泉書館（2007）

矢野直明，林紘一郎『倫理と法―情報社会のリテラシー』産業図書
（2008）

リチャード A. スピネロ 著，林紘一郎 監修，中西輝夫 訳『情報社
会の倫理と法―41 のケースで学ぶ』ＮＴＴ出版（2007）

渡部　明，大屋雄裕，山口意友，森口一郎『情報とメディアの倫理』
ナカニシヤ出版（2008）

渡辺一夫『狂気について　他 22 篇』岩波文庫（1993）

J. H. Moor 'What is Computer Ethics?' Metaphilosophy, Vol. 16,
No. 4（1985）

Richard Severson "The Principles of Information Ethics" M.E.Sharpe
（1997）

索　引

【監修者】

佐々木良一（ささき　りょういち）

昭和 46 年 3 月，東京大学卒業。同年 4 月，日立製作所入社。システム開発研究所にてシステム高信頼化技術，セキュリティ技術，ネットワーク管理システムなどの研究開発に従事。
平成 13 年 4 月より東京電機大学教授。平成 30 年 4 月より東京電機大学総合研究所特命教授，サイバーセキュリティ研究所所長。工学博士（東京大学）。
平成 10 年 電気学会著作賞受賞。平成 14 年 情報処理学会論文賞受賞。平成 19 年 総務大臣表彰(情報セキュリティ促進部門)。平成 19 年度「情報セキュリティの日」功労者表彰。
著書に，「インターネットセキュリティ」オーム社（1996 年），「インターネットセキュリティ入門」岩波新書（1999 年），「IT リスクの考え方」岩波新書（2008 年）など。
監修に，「情報セキュリティの基礎」共立出版（2011 年），「IT リスク学」共立出版（2013 年），「ネットワークセキュリティ」オーム社(2014 年)，「デジタル・フォレンジック事典」日科技連出版社(2014 年）など。
日本セキュリティマネジメント学会会長，内閣官房情報セキュリティセンター補佐官などを歴任。

【著　者】

会田和弘（あいだ　かずひろ）

昭和 34 年生まれ，慶應義塾大学大学院修士課程修了。平成 10 年より平成 16 年まで AOL キッズコンテンツ運営管理に参加，日本最初の本格的子ども向けコミュニティサイトの企画運営に従事。
平成 14 年より NPO 法人イーパーツ常務理事。リユース PC による非営利団体の情報化支援および非営利組織の情報セキュリティ体制づくりに従事。
平成 17 年 4 月より東京電機大学非常勤講師，情報倫理，セキュリティ演習担当。
平成 18 年 9 月より成蹊大学非常勤講師，情報社会倫理担当。
平成 30 年 4 月より千葉大学工学部非常勤講師,情報倫理担当。東京電機大学サイバーセキュリティ研究所研究員。
共著に，情報ネットワーク法学会・テレコムサービス協会編「インターネット上の誹謗中傷と責任」商事法務（2005 年），「Web 制作標準講座［総合コース］～企画からディレクション，デザイン，実装まで～」翔泳社（2012 年），「SPREAD 情報セキュリティサポーター能力検定 公式テキスト」インプレス R&D（2013 年）。

情報セキュリティ入門
第 2 版
情報倫理を学ぶ人のために

Introduction to Information Security
For Information Ethics Learning

2009 年 10 月 25 日　初　版 1 刷発行
2012 年 9 月 20 日　初　版 5 刷発行
2014 年 10 月 10 日　改訂版 1 刷発行
2021 年 3 月 31 日　改訂版 4 刷発行
2021 年 11 月 15 日　第 2 版 1 刷発行
2023 年 2 月 20 日　第 2 版 2 刷発行

検印廃止
NDC 007
ISBN 978-4-320-12473-8

監修者　佐々木良一
著　者　会田和弘　　©2021
発行者　南條光章
発行所　**共立出版株式会社**
〒 112-0006
東京都文京区小日向 4-6-19
電話　03-3947-2511 （代表）
振替口座　00110-2-57035
www.kyoritsu-pub.co.jp

印　刷　加藤文明社
製　本　協栄製本

一般社団法人
自然科学書協会
会員

Printed in Japan